哭没有用，我们不能被自己打垮

李世强 著

It's no use crying,
we can't be beaten by ourselves

百花洲文艺出版社
BAIHUAZHOU LITERATURE AND ART PRESS

图书在版编目（CIP）数据

哭没有用，我们不能被自己打垮 / 李世强著 . —— 南昌 : 百花洲文艺出版社 , 2020.1

ISBN 978-7-5500-3522-5

Ⅰ . ①哭… Ⅱ . ①李… Ⅲ . ①人生哲学 - 通俗读物 Ⅳ . ① B821-49

中国版本图书馆 CIP数据核字（2019）第 264375号

哭没有用，我们不能被自己打垮

李世强　著

出 品 人	连　慧	
策划编辑	木　沐	
责任编辑	陈　园	
装帧设计	仙　境	
出版发行	百花洲文艺出版社	
社　　址	南昌市红谷滩新区世贸路 898号博能中心一期 A座 20楼	
邮　　编	330038	
经　　销	全国新华书店	
印　　刷	河北照利印刷有限公司	
开　　本	880mm×1230mm　1/32	
印　　张	8.5	
版　　次	2020年 1月第 1版第 1次印刷	
字　　数	140千字	
书　　号	ISBN 978-7-5500-3522-5	
定　　价	39.80 元	

赣版权登字：05-2019-349

邮购联系　0791-86895108

网　　址　http://www.bhzwy.com

图书若有印装错误，影响阅读，可向承印厂联系调换。

　　如今的社会在高速发展，社会的竞争压力也与日俱增，因此，每个人都觉得很忙碌、很疲惫。焦虑的心情导致了睡眠质量的下降，逐渐变得暴躁的脾气更是影响了人际关系，每天不停的奔波和各种应酬搞垮了自己的身体……很多的迫不得已，常常的心力交瘁，让自己的人生看起来是那样的不堪，对前方的道路也充满了迷茫。

　　娱乐圈的红人李诞的那句名言——人间不值得——火遍了大江南北，这是人们的一种调侃，更是对自己快要垮掉的人生的一种安慰。但是，人间真的不值得吗？其实很多人只听到了一半，这句话还有上半句，叫"开心点朋友们"。李诞的这句话是告诉大家：朋友们，活着都开心点吧，人间不值得你为它不开心。再展开来看，这句话也告诉我们，我们的生活很美，值得我们珍惜，值得我们拥有。我们的人生不应该垮掉，不应该活得颓废，要以积极的态度去对待。我们的人生不会垮掉，我们的人生绚丽多姿，我们应该张开双臂，拥抱人生带给我们所有的惊喜。因为这些惊喜，最终会编织成美丽的图画，挂满我们的心灵，成为我们最美好的回忆。

每个人都要相信自己会拥有美好的人生，相信我们的人生不会垮掉。每天这样告诉自己，才会用更积极的心态对待每一天。当你告诉自己，你的人生不会垮掉，那些挫折和磨难才能成为你成长的动力；当你告诉自己，你的人生不会垮掉，生气、焦虑、抱怨等等的负面情绪才会逐渐消失，取而代之的是乐观、拼搏、感恩等让人生更美好的情绪；当你每天告诉自己，你的人生不会垮掉，你就会更加珍惜每一天，希望把每一天都变成美好的一天。告诉自己人生不会垮掉，并非是在你低落或颓废时骗自己，而是通过这种积极的心理暗示，把你从颓废时救起，把你从低落中托起。

相信我，每天告诉自己，人生不会垮掉，人间很值得。在这样一声声的鼓励下，你就会拥有不垮的人生，你更会看到人间的美。

目　录
CONTENTS

第一章　人生这么美好，
为何要在生气中度过

第八章 心胸有多大，事业就能有多大

第九章 多点幽默，你的人生色彩斑斓

第十章

年轻要有梦想，
有目标人生永不垮

第一章
人生这么美好，为何要在生气中度过

人生绚丽多姿，充满美好，而生气就是对这种美好人生地一次次撞击，撞到自己头破血流为止、撞到人生支离破碎为止。我们有没有想过，在这个相同的世界上，为何有人能活得津津有味、丰富多彩，而有人却愁眉不展、怒气冲天呢？我们要时刻铭记，不垮的人生首先在于自身，只有自己能做到不为任何事生气，把愤怒化解于无形，才能有美好的人生。

少生一点气，这样就好

情景喜剧《武林外传》中郭芙蓉有一句经典的台词，即"世界如此美妙，我却如此暴躁，这样不好，不好"。郭芙蓉最终战胜了自己，克制了火爆脾气，赢得了自己的人生，欣赏到了世界的美景。

不动怒，便可收获不垮掉的人生。然而，在这个大千世界，谁都不可能避免动怒，遇到挫败，受到屈辱，与他人发生矛盾，都会产生怒气。只是，如果一味地让怒气爆发，发泄自己的不满，结局会是怎样的呢？结局只会是让事情更糟，且搞垮自己的人生，还并不能挽回什么。

发怒是一种极其不理智的行为，却是生活中极其普遍的现象。很多时候，我们容易因为一些不足挂齿的小事，就生出非常大的气，尤其是与自己亲密的人。生气事小，却是一件浪费时间的事。大多时候，当你生完气冷静下来，就会感到后悔。可你拉不下面子主动向对方认错示好，只能等待对方给自己一个台阶下，宝贵的时间因此浪费。

少生一点气，不但能够避免浪费时间，更有利于彼此间的交往。如果避免不了生气，那就要学会消气。控制自己的情绪，不能让自己像一个充满气的气球一样，随时可能"粉身碎骨"。

脾气不好的人不易做好一件事，李绍刚便是如此。或许是因为家人太过纵容，李绍刚从小便养成了火爆脾气。但凡遇到不顺心或不满意的事，便怒火中烧，对周围人乱发脾气，动口动手。当李绍刚多次因坏脾气而闯祸后，父母意识到了事情的严重性，便试图改变李绍刚易怒的性格，但效果不太理想。

随着年龄的增长，李绍刚的脾气并未有所缓和，反而越发暴烈。一旦他人惹恼了自己，无论是有意还是无意，李绍刚都会做出剧烈的反应，要么大骂他人一场，要么直接动手。而如果他人敢嘲笑他或指点、批评他，李绍刚更会暴跳如雷，不把对方打至重伤不罢休。当然，李绍刚本人也因付出了沉重的代价，然而李绍刚并未因此而反省。知晓李绍刚性格的人，都会对他避而远之，唯恐一不小心惹怒了他。

因工作需要，李绍刚需要考取驾照。李绍刚从小便受不得别人对他的批评，在练车过程中犯错时，面对严厉教练的多次批评，李绍刚一开始还能忍着听教练的斥责，次数多了，便直接跟教练杠上了。李绍刚一犯错，教练的语气不无责备，李绍刚更是大声反驳，甚至回骂。事后，为了拿到驾照，气消的李绍刚不得不向教练道歉。只是，与教练对骂的次数多了，李绍刚便不肯再向教练道歉，教练也不肯再教他了。驾校负责人对两人进行了调解，却没能解决问题。负责人不得已为李绍刚换了一个教练。由于李绍刚一点就着的臭脾气，练车的过程同样不顺利。一次李绍刚与新教练发生了口角，一气之下，李绍刚动手揍了新教练。新教练受伤住进了医院，医药费由李绍刚赔偿。最终驾校把李绍刚所交的考取驾照的费用退给了李绍刚，不愿再教李绍刚。

李绍刚考取驾照的目标落空了，并与教练发生严重冲突，其中不无外因，但根源是李绍刚的火爆脾气。如果李绍刚能收敛自己的坏脾气，考取驾照之事便不会这般糟糕。克雷洛夫说过这样一句话："坏事情一学会，早年沾染的恶习，从此以后就会在所有的行为和举动中显现出来，不论是说话或行动上的毛病，三岁至老，六十不改。"成年后的李绍刚没能改变自己的脾气，后果终究自负。

从小形成的火爆脾气，如果不加以改变与克制，便会给以后的人生祸患埋下伏笔。而脾气暴躁是人类卑劣的天性之一。

生活中，即使遭遇不公或羞辱，你可以生气，但要能够控制自己的情绪，思考生气会造成的可能后果。愤怒会使一个人的自制力降为零，极易做出无法挽回的事情，因此冷却问题，待恢复理智后再处理，才能减少犯错的可能。

在成长的过程中学会修养身心，让自己的心能够容得下自己与他人，尽量去包容自己或是他人的过错，而非让一时气急伤害彼此。我们要做一个心胸开阔的人，减少愤怒的负面作用。

生气的危害超乎我们的想象，为了身体健康，为了保持良好的情绪，为了周围环境的和谐，大家要学会宽心。

1. 寻找方法，积极面对问题

就像一句话说的："别人生气我不气，气出病来无人替。"这就是告诉我们，面对人世间的不公平，面对自身的不足，面对错误的事情，只有积极乐观地面对，才可能真正做到心如止水，寻找到正确的解决办法。所以，遇到问题，解决是关键，一味生闷气没有什么用处。

2. 与其生气，不如长长自己志气

生气解决不了问题，而长志气能增加自身修为。如果一个人遇事总生气，那他的心情只会越来越糟；如果遇事学会长志气，增长解决问题的能力，那就会逐渐走向成功。所以，生别人的气，不如长自己的志气。

3. 懂得宽容，你才不会经常生气

我们的生活需要宽容，我们要学会宽以待人。生活中，我们应该与人为善，严于律己，宽以待人，这样才能形成与他人和睦相处的和谐关系。不要总是抱怨他人、指责他人，要知道"当你伸出一根手指去谴责别人时，有四根手指恰恰是对着自己的"。

克制冲动，别让事情超乎想象

我们常听一句老话——冲动是魔鬼。生活中，我们时常会遇到一些冲动的人，他们容易被别人激怒，进而做出一些超乎想象的事情。一旦造成危害，再后悔将为时已晚。倘若我们面对事情时能够认真地考虑一下，在大脑中把过程过一遍，缓缓再做决定，那么将会避免很多悲剧的发生。

桑德斯是一名海滩救生员。他自幼在海边长大，水性非常好。

作为一名新人，老队长对他非常器重。

有一次，海上突然刮起了狂风，暴雨瞬间而至，一名正在海里游泳的女游客生命安全受到了威胁。紧急时刻，桑德斯不顾一切地跳进海里，以极快的速度将被困女子救回。

他本以为会受到表彰，没想到却遭到了队长严厉的批评。当时自然条件非常恶劣，他在跳水之前，并没仔细观察周围环境，甚至自救设备也没有携带。队长略带讥讽地说，他这样的做法会将自己和被救者陷入更加危险的境地，有可能连自己的性命都搭上。虽然最后救援成功，那也只是运气好罢了，那不是一名专业救生员应该有的表现。

听了队长的话，桑德斯觉得非常委屈：明明他很出色地完成了任务，却被队长吹毛求疵，无端指责。他不服气地顶撞了几句，便将自己的各种装备恶狠狠地扔在队长面前，愤愤不平地宣称自己不干了。

在那之后很长一段时间里，桑德斯都没找到合适的工作，因为他内心仍然向往着大海，向往着救生员这个能体现他个人价值的工作。他每天颓废度日，生活过得十分潦倒。

许多年后，一次偶然的机会，他遇到以前的老队长。时过境迁，两人终于能心平气和地聊起往事。原来，老队长当时之所以严厉地批评他，一方面是不愿意看到他在救援过程中自己出现危险，另一方面是因为对他十分器重，希望他能做得更好，未来能够担负起队长的职责，能救更多的人。

听到这些，桑德斯感到非常懊恼。心想，如果当时自己不是那么冲动的话，如果当时能够了解到老队长良苦用心的话，也许就不会是今天这模样。

冲动的行为不能帮助我们解决任何问题，它只会让人情绪失控，失去对现实的理性判断，从而造成家庭不幸、工作不顺、与他人关系恶化等后果。

要化解冲动，首先要做到忍耐和克制。如果别人冒犯了你，一定不能让自己的情绪失控，更不能在情绪失控的状态下做任何不负责任的决定。其次是要善于理智思考。出现不和谐的局面未必都是别人的原因，我们要多想想自己的问题，多想想别人的苦衷，多想想意气用事可能造成的后果，要努力在平静状态下去解决问题。最后是要包容理解、谦虚礼让。很多纷争源于误会或是不起眼的小摩擦。一次冷静的沟通，一句诚挚的歉意，一个谅解的微笑，就可能使紧张局面得到缓解。

李佳佳是一家软件公司刚上任的宣传部主任。公司经理引领她来到一间宽敞的办公室，对着一屋子同事宣布李佳佳正式走马上任，并指着一位40多岁的女士说："这是你的助理刘小姐，有什么不清楚的，请她告诉你。"等公司经理一离开办公室，刘小姐旋即开口："抱歉，我今天有很多事要做，所以没有太多时间和你好好聊！"说完话，刘小姐一头埋进工作，一整天没跟李佳佳说一句话。而且，除了刘小姐外，办公室里的其他三个同事也对她横眉冷对，商洽工作时爱答不理。那副做派，仿佛李佳佳不是他们的上司，而是给他们打杂的。

面对同事的排挤和刁难，李佳佳既没有暴跳如雷，也没有以牙还牙，而是积极冷静地寻求解决之道。她先是旁敲侧击地摸清了这股不明敌意的缘由，原来，这几位同事都为公司效劳了两年以上，每个人都以为宣传部主任的职位能落到自己头上，没料到这个职位让李佳佳占了。找到源头，李佳佳也明白了，几位同事的刁难并不是冲着自己，而是对公司的人事决策不满。于是，她在办公室里持之以恒地表现着自己的友善，经过几次以德报怨的事情后，大家都为李佳佳的冷静善良折服，满心欢喜地接受了这个年轻的上司。

一个聪明的人能够控制自己的情绪，一个愚蠢的人常常会被自己的情绪所控制。所谓成功，就是能突破心理障碍，控制住冲动，不在失去理智的情况下去做决定。那么我们如何能成为一个成功的人，成为一个能够避免冲动的人呢？

1. 学会躲避，远离冲动现场

当人处于愤怒或者冲动之下，大脑皮层就会出现一个强烈的兴奋点，并不断向四周蔓延。因此，要想避免这个兴奋点蔓延，避免失去理智，就要有意识地学会转移兴奋点，这就是所谓的眼不见心不烦。例如，在面对冲动的对象时，你用仅有的理智告诉自己快速躲开他，去干点别的事情。

2. 懂得忍耐，才是控制情绪的强者

忍一时风平浪静，为了让自己做一个理智的人，就应该多从宽容的角度去看待那些不愉快。例如，当和别人发生争执，在自己还没失去理智时，先多想想为何会和对方争吵，问题是否在自己身上。进而再思考，若是争执持续，自己失去了理智，酿成的结果自己能够承受吗？这样便可以迅速地把自己从冲动的边缘拉回来。

3. 想一下，寻找更好的避免冲突的方法

首先，要明确冲突的主要原因是什么，双方产生分歧的关键在哪里，什么样的解决方式是能让双方都接受的。当想明白这些事情，就可以找到最佳的解决方式，避免冲动。

改善自己的脾气，让生活更美好

一对恋人，小乔和韩亮，相爱了五六年准备结婚。韩亮父母去小乔家提亲，小乔家长的意思是：结婚可以，但要把人娶走，必须按照当地的风俗来，那就是韩亮得以小乔的名义买一套婚房，再给他们十万礼金。而韩亮家长的意思是：十万礼金可以办到，但再以小乔名义买一套婚房是不可能的。双方僵持不下，各自儿女怎么劝都没用，这门亲事只好拖着。

韩亮和小乔在外面打工，照旧同居一处。后来，小乔未婚先孕，不得不结婚了。

　　小乔把怀孕的消息告诉了父母，希望拿到户口本去结婚。谁知铁石心肠的父母还是咬着婚房和十万礼金不放。韩亮父母一生气，说："不嫁就不嫁，我们还懒得管了呢！"双方家长继续僵持。转眼几个月过去了，小乔的肚子越来越大。小乔家长觉得再拖下去也不是个事儿，开始放宽条件，十万礼金改成了五万，但婚房必须要买。韩亮的父母没有表态。

　　韩亮和小乔夹在中间，心里也很烦。没有结婚证，办不下准生证，未婚生子传出去名声也不好，加上来自双方父母的责怪和压力，烦心事儿一多，双方脾气都有点不好。小乔拼命催韩亮，责怪韩亮没本事，韩亮则埋怨小乔父母不讲理。

　　这样吵来吵去，好好的一段感情被搅黄了，结果以分手告终。

　　分手后，小乔父母十分着急，去求韩亮父母，韩亮父母被说得心软同意劝二人复合，但小乔和韩亮两个人之前因冲动而说下的话已经伤到彼此的心，再也无法复合了。

　　每个人都有自己的脾气，但很多时候，大家是看不清自己的臭脾气的，或者是太冲，又或者是太不讲理。这些臭脾气是一个人性格的缺陷，如果不好好改变，很多美好的事情都会被搞砸，自己美好的人生也会逐渐垮掉。

　　黛西是一家公司的运营经理，她才华横溢、雷厉风行，深得上司的器重。但是，由于过于自信和脾气暴躁，黛西经常与同事发生争吵。争吵过后，黛西自己往往马上就忘了，但给别人造成的不愉快却是持久的。大家给她起了个绰号：母老虎。刚开始的时候，这个绰号让黛西感到异常委屈和苦恼，经过一段时间的冷静思考，黛西意识到了自身性格的危害，便开始控制自己的脾气：即使自己百分之百正确，也尽量避免与人争吵。后来，黛西深有感触地说："我终于明白，一个人即便再优秀，如果他控制不住自己的情绪，改变不了自己的臭脾气，那么他的生活将会一团糟，他周围的人也不会喜欢他。"

　　有脾气，是日常生活中常常碰到的现象之一。不少人脾气急躁，遇事容易冲动，特别是面对一些不顺心或自己看不惯的事，容易生气或怄气，有时还同他人争吵，说出一些使人难堪的话，或影响了人与人之间团结，或影响了家庭的和睦。事后，即便是后悔，也已经来不及了。

　　那么，我们应该如何控制自己的坏脾气呢？

1. 用心做好自己该做的事情

　　若是我们能够集中精力，用心去追求自己的梦想，那就会减少生活中很多的烦恼。因为我们在追求自己梦想的过程中实现了自身的价值，就不在乎身边这些小事了。

2. 遇事先思考，避免冲动

凡事三思而后行。要想让自己不发脾气，那么在遇到事情时就不要急于发表自己的见解，考虑一番再决定。学会忍耐，变得成熟一些，稳重一些，就不会乱发脾气了。发脾气对事情的解决没有任何好处，还增加了阻力，何苦呢？

3. 对自己进行积极的心理暗示

当你心有不快，想要通过发脾气的方式来发泄时，可以通过语言的暗示作用来调整自己。比如，你的朋友做了伤害你的事，你很想将他骂一顿，那么，此时为了不让事情升级，你在冲动前可以告诉自己："千万别做蠢事，发怒是无能的表现。发怒既伤自己，又伤别人，还于事无补。"在这样的一番提醒下，相信你的心情会平复很多。

谈判不能生气，冲动下的决定最荒唐

谈判中，对手经常会使用激将法来促使我们就范。比如，故意质疑我们的实力来逼我们提高质量，或者故意透露竞争对手的价格来促使我方降价。如果我们不能对一些让我们生气的小事淡然处之，那么自己恐怕就会身处不利之中。

在非洲大草原上有一种吸血蝙蝠，它们虽然很小，但却是非洲野马的天敌。人们可能会奇怪，小小的蝙蝠如何能成为野马的天敌，杀死野马呢？其实不然，杀死野马的并非是这些吸血蝙蝠。吸血蝙蝠每次吸附到野马的腿上时，会用它们的牙齿划破野马的皮肤，吸食野马的血。但吸血蝙蝠划破的伤口很小，吸食的血量也很少，并不能导致野马死亡。野马真正死亡的原因，其实是源自它们的愤怒。

因为被吸血蝙蝠叮咬时，野马就会变得愤怒、暴躁，最后在草原上狂奔。但不论野马怎么奔跑、怎么蹦跳，都无法甩掉吸血蝙蝠。蝙蝠依旧从容地吸附在野马的腿上，悠闲地喝着血，直到饱餐后再飞走。而野马愤怒后的狂奔，增加了血液的流动，最后吸血蝙蝠飞走了，但野马的血却没有停止流出。因此，野马最后在愤怒中无可奈何地死去。

野马为了甩掉附着在自己身上的吸血蝙蝠而生气、暴怒、狂奔，最后送掉了自己的性命。害死野马的，不是小小的吸血蝙蝠，而是野马自己。如果我们在谈判中也像野马一样，那么很可能在自己冲动的驱使下进入对方的圈套。

情绪失控是谈判场上的一大错误，它会让你说错话，轻则得罪人，重则毁坏谈判。因此，谈判桌上一定要控制好自己的情绪，特别是在双方因为小问题而争吵，或对方态度不够和气时，更要拿捏好自己的情绪，以免因为激动而把话说得难听，或说得太过绝对。

很多谈判者不注意这一点，他们常常会为了一个小问题而在谈判场上大发脾气，或与对方陷入激烈的争论中。

一家制鞋厂最近要生产一批新鞋，所有原料都已准备妥当，就差胶水了。老板对胶水的要求很严格，既要黏性好，又要刺激性气味最小。选来选去，终于找到他满意的胶水了。

鞋厂的老板直接找到生产胶水的厂家，商谈胶水的采购。胶水厂家的老板知道来意后，对鞋厂老板骄傲地说："你真有眼光，我们的胶水在国内可是数一数二的。因为质量好，所以价格也不便宜。"

虽然胶水厂家的老板态度有些傲慢，但鞋厂老板没有生气，附和道："是啊。我们对比过，质量很好，贵一点也应该。毕竟一分钱一分货嘛。"

胶水厂的老板听到对方这么说，直接问道："那你准备要多少货？"

鞋厂老板沉吟了一会儿，说："我们很重视这次生产的新鞋，这次的鞋是我们今年的重点产品，因此生产的量也比较多。所以，对于胶水的需求量也很大。我们采购得多，不知价格能否再给我们一个折扣？"

胶水厂老板摇摇头，用一点商量的余地都有没有的口气说："不管买多少，我们都是这样的价格，一分都不少。"

鞋厂老板这时对胶水厂老板的态度有点生气了，但还是强压下心中的怒火，说："一般商家采购得多，都会适当地给予优惠，您再考虑考虑，适当再降降价。"

胶水厂老板没好气地说："你以为我们的胶水是一般的廉价胶水啊，说降价就降价？"

这话让鞋厂老板生气极了，他心想：不就是生产了一款好一点的胶水吗，就这么大架子，说话时处处不饶人？他很激动地拍了一下桌子说："我是诚心来跟你谈生意的，你摆什么臭架子？"

此话一出，胶水厂老板顿时怔住了，转而说："我哪里摆架子了，你这么大的不满情绪我们怎么谈？"

鞋厂老板气还未消，见对方把问题都推到自己身上，更加气愤了，于是毅然决然地说："不要以为只有你们会生产胶水，市场上生产好胶水的厂家一抓一大把！"

胶水厂老板也不饶人，暴跳如雷地说："那就不要买我们家的好了！"

"就你这样的态度，不买就不买！"鞋厂老板回答说。

结果，一场谈判不了了之。

看，这就是情绪失控的后果！它会让你顿时火冒三丈，话里带刺，失去原有的礼貌与风度。谈判桌上，很多谈判者常常会这样，或图一时口快，或为解心中之气，结果直接放大或激化矛盾，最后导致谈判的失败。殊不知，因为别人的言辞而改变自己的说话方式并且失去理智是非常愚蠢的。退一步海阔天空，宽容一点，情绪就不会失控，谈判就不会被吵架或辩论取代。

那么，怎样才能绕开情绪失控，避免自己陷入争吵或辩论中呢？

1. 谈判前做充分的准备，"自己要说什么"要心里有数

虽然说计划赶不上变化，但是，没有计划，就只能任由变化牵着鼻子走。谈判中，你为什么会情绪失控，说到底，还是因为你没有准备好。没有充分的心理准备，一旦有什么东西惹怒了你，你承受不了，就会失控。假如事先有准备，就能撑大心的容量，那么谈判场上对方怎么为难你，乃至羞辱你，你都能做到大方地、有礼貌地还击他。

因此，清楚"自己要说什么"至关重要。"自己要说什么"所关注的不仅是谈判的内容，还包括怎么和对方说，怎么说才言简意赅，怎么说才能用最简短、直白的话表达出最明确的意思，对方向你提问时你该怎么回答，对方设陷阱时你该怎么应对。

2. 适当自嘲，转移话题，及时缓解不良情绪

当你发现自己情绪即将失控时，要及时化解它。转移话题是比较好的方式。

HP 公司的前女掌门人奥菲利亚有一次参加一个很重要的谈判，但在谈判过程中，衣服上的扣子突然掉了一颗，顿时衣服开了一个很大的缝隙。对方见状，虽然想忍，但是还是没忍住地笑出了声。奥菲利亚很尴尬，也很为对方的失礼生气，但她却没有暴怒，也没有发火，而是幽默地说："时代在快速发展，要求我们跑步紧跟时代。而当我想解开衣服跑步前进时，却发现自己并未穿运动短裤。现在，让我们尽快敲定我们的谈判，好让我回去换个短裤，好能奔跑着跟上时代。"奥菲利亚幽默的回答顿时化解了尴尬的气氛，还为谈判会场带来了一丝轻松的氛围，最后，这次谈判也取得了圆满的结果。

3. 平静下来，听听对方怎么说

当谈判变成争论时，对方的情绪可能也变得比较激动了，这时候，不妨冷静下来，学会聆听，听听对方怎么说，理解对方发脾气的理由。你可以问问对方："您先说说您的看法？"这样一来，对方能充分地感觉到你的尊重，自然而然，争论也会被平息。

生气是负面情绪，及时为它找到发泄的渠道

　　一个人总会遇到让自己生气的事，如果这股气出不去，长期压抑的负面情绪会导致身体免疫力下降，内脏功能失调，诱发多种疾病，最后压垮自己的身体。同时，对心理健康也会造成极大危害，严重时还会出现精神分裂。在 20 世纪 70 年代，美国科研机构针对此类问题就提出了一种非药物治疗的心理疗法——宣泄法。这种疗法鼓励人们通过适当的方式把心中的焦虑、忧郁和痛苦宣泄出来，从而使身心健康。

宣泄，就是排解释放负面情绪的过程。因一些不堪回首的经历或是沉重的生活压力而长期积攒在内心的郁闷和痛苦，必须通过一定方式进行排解和疏导，否则就会给人的健康和正常生活带来无法估量的危害。在现实生活中，宣泄的方法有很多，掌握这些方法，就能把内心的积郁一扫而光。

1. 不要忽视眼泪的力量

有人说，牙碎了也要往肚子里咽。殊不知，这不仅不利于情绪地改善，反而会让负能量在内心越积越多，甚至有人提出，强忍泪水无异于慢性自杀。在面对糟糕的心情时，没有任何一种方法，比让自己痛痛快快地哭一场更过瘾、更有效。所有的烦恼、忧伤和委屈，都会随着泪水一同倾泻出来。这就像是给心灵做了一次排毒 SPA，所以，不要吝啬你的泪水，也不要羞于直接地表达脆弱的情绪。

荷兰科学家们实验发现，类似《忠犬八公》《美丽人生》这样的悲情电影，对缓解人们压力和负面情绪很有效。

电影中催人泪下的情节会让每一个观影者流泪不止。在 90 分钟时间内，观影者的情绪状态会有所下降。这可能是电影情节过于悲伤的缘故。但随后不久，他们的情绪就会迅速恢复，并逐渐超过观影之前的水平。

从生理角度来说，人在哭泣时会将一些精神压力产生的毒素排出体外，同时人脑会产生对提高兴奋度有益的化合物。从心理角度来说，哭泣可以使人的心灵得到慰藉，情绪得到释放。通过与电影中悲伤情节的对比，观影者更容易体会到自己在现实生活中的美好，更容易产生幸福的感觉。

2. 善于向身边的人倾诉

很多人不愿意向别人倾诉自己的情感，害怕自己倾诉时会遭到别人的嘲笑和埋怨，其实，这种担忧大可不必。你的家人和最好的朋友，一定是生活中最关心你的人，在你情绪不佳时，完全可以找他们倒倒苦水。根据你的倾诉，对方能够有的放矢地给予你宝贵的意见和建议。情绪低落的人往往容易走弯路、钻牛角尖，辨识不清生活中的真实情况，这时候听听别人的意见就显得非常重要。即便对方不能给予你意见，仅仅是认真地聆听，仅仅是一个微笑的示意，这对你来说都是一种莫大的肯定、鼓励和宽慰。当你一吐为快之后就会发现，你的情绪已经恢复大半了。

3. 运动是解压宣泄的最好方式

体育运动一方面可以起到转移注意力的作用，人们通过体力的消耗让自己专注运动本身，从而忘却那些糟糕的心情。另一方面，运动后会让人产生一种淋漓尽致的解脱感，所有不快都会随着汗水一同流走。

为了证明跑步之类的有氧运动可以减轻心理紧张、情绪倦怠等症状，澳大利亚新英格兰大学的科学家们设计了一组比较实验。

他们将被试者分为三组：一组进行有氧方面的训练；第二组进行无氧力量训练；第三组保持静止的状态。在持续一段时间之后，通多对各组被试者身体指标的检测发现，前两组被试者都不同程度地提升了个人成就感和幸福感，同时降低了知觉压力。特别是进行有氧运动的被试者，他们在降低心理压力和情绪衰竭等方面表现得尤为突出。

这个实验结果表明，跑步等运动方式可以起到释放情绪作用，对于被生活压力和负面情绪所困扰的人来说，无疑起到了兴奋剂的作用。

4. 多去参加一些集体活动

多参加集体活动，如讲座、狼人杀的游戏、社团活动等。

在集体活动中发挥自己的专长，增加人际交往的机会。良好的人际关系会使人获得更多的心理支持，缓解紧张和焦虑的情绪。学会发泄焦虑和压抑，我们的心理才会变得轻松。

5. 保证充足的睡眠

良好而充足的睡眠能让一个人看起来精神焕发。我们有时会感觉压力大，工作紧张，这时千万别着急，放下一切，好好睡一觉，等精力充沛时再去完成。磨刀不误砍柴工，说的就是这个道理。

6. 调整自己的呼吸

研究发现，郁闷时叹气，呼出的气体含有毒性，把这些气体收集在一起，一定的量足以让一只成年小白鼠毙命。所以，当自己觉得很不开心的时候，闭上眼睛，深吸气，然后把气慢慢全放出来；再深吸气……如此持续几个循环，你会发现随着自己的呼吸变得平稳，整个人也平静下来了。

当然，宣泄也要注意分寸，绝不能做出困扰他人或伤害自己的事情。没有哪一种宣泄方式是最佳的，也没有哪一种情绪是不能宣泄的。只要你根据自身的情况，选择适合自己的方式，就会使内心的积郁得以宣泄，心灵的重压得以释放。

香港明星刘德华曾唱道："男人哭吧哭吧哭吧不是罪，再强的人也有权力去疲惫。"不管是男人还是女人，在我们疲惫不堪时，在我们焦头烂额时，在心灵越来越无法承受生活之重时，我们要学会宣泄，用智慧疏导自己，让我们的心灵始终保持着幸福，让我们永远拥有不垮的人生。

第二章
摆脱焦虑情绪，没有人能逼垮你的人生

现代生活速度快，压力大，造成很多年轻人变得焦虑，每天都感觉时间不够用，每天都想着我还有什么事没有办。焦虑的心情会导致睡眠不好，更会导致第二天的状态不佳，让效率变得更慢，从而变得更加焦虑。这样的恶性循环下，最终焦虑压垮了你的身体、压垮了你的精神、更压垮了你的人生。

开心一些，人生哪有那么多郁闷的事儿

"最近好累啊，好烦躁啊，郁闷死了""为什么我就没有他那么好命，生下来就拥有一切，真是郁闷得要死""想买那个包包，可是没钱，我啥时候才能有钱啊，真是郁闷"……郁闷好像一直生活在某些人的生命里，不管遇到什么事情，他们张口就是郁闷。朋友们，郁闷是一种消极情绪，如果不及时走出来，你就会变得越发焦虑、悲观。不管是外界原因还是自身原因，我们都应该懂得控制自己的情绪，让自己多一点欢乐，少一些

焦虑。这样才能让郁闷远离自己，让内心更加轻松。

　　嫣然是一位刚刚入职的职员，由于是新手，对公司的事务还不是很熟悉，再加上她的领导又是一个脾气暴躁的人，所以她几乎每天都会被骂。

　　原因姑且不论，因为实在太多了，仅就程度而言，嫣然实在是难以忍受。她对于上司每天的怒骂感到非常生气。嫣然是家里的宝贝疙瘩，乖巧懂事，备受父母疼爱，从小到大从未受过爸妈的责骂，工作前也没有想到会遇到上司的破口大骂。

　　每回，几乎是每回，当她拿着她的策划书给领导后，都会得到一个千篇一律地回答，那就是："你这也叫策划啊？这是什么烂东西你知道吗？这是你写的啊？写成这样你也好意思给我看啊？你的逻辑思维及表达能力连小学生都比不上！"接着就是令嫣然神经崩溃的斥骂。

　　慢慢地，嫣然开始失去对上班的兴趣了。"我到底有多差啊，让领导如此看不上眼，但是，这样爱骂人的领导做的就对吗？我真的是倒霉透顶，在这样的人手底下干活。"每当嫣然想到这件事，就会非常生气，感到焦虑，经常无法入眠，情绪也越来越差。

　　后来的某一天，嫣然遇到了大学时代的学长，他从事的是新闻记者的工作。嫣然不由自主地倾诉起了自己的苦恼。

听完之后，学长笑了。他说起了自己的经验："其实，这样的事情是很正常的。我记得刚入行的时候，我天天熬夜写稿子，一晚上的忙碌却也总是得不到肯定，第二天上班的时候稿子被领导撕成碎片，大骂一顿，然后从头再来。现在看看，那些时光，竟然都熬过来了。"然后学长建议嫣然："再碰到这种事情时，就要把领导的行为当作一种教育，当作自己学习的代价。如果这么想还无法消除你的怨气的话，那么就把它当成你拿到薪水所必须付出的代价好了。"

后来，学长跟嫣然讲了很多职场上的生存技巧。听了这些话后，嫣然内心的郁闷好了很多，对上班的态度有了一百八十度的转变。当嫣然把工作当成锻炼自己及拿薪水所必需的事情时，心情就变得非常快乐了。而在面对他人的势利时，更以一笑了之的心态去面对。

郁闷的结果是什么？是好好的一个人没能享受到生命中的快乐也就罢了，还给自己的心灵判了无期徒刑，让它再也无法雀跃。不论有什么兴奋的事，郁闷情绪都会像一瓢冷水当头淋下，让好不容易提起的热情迅速降温，生活重新回到郁闷、郁闷、郁闷……

郁闷是一种慢性毒药，如果你一直坚守在郁闷的角落里不肯走出，那你的苦恼就会越来越多，你的精神也会越发萎靡，你看待一切都会毫无兴趣。所以，我们要努力驱走郁闷的阴云，让自己快乐地生活。

1. 看点儿喜剧电影或娱乐节目

当郁闷焦虑的时候，可以看看电影或者搞笑的娱乐节目，让自己不停地哈哈大笑，这样就能改善自己的心情。当自己沉浸在喜剧之中时，心中的焦虑和郁闷就会逐渐转移，慢慢消退。

2. 关注自身情绪，积极寻求帮助

多关注自己的精神状况，学会判断自己的内心，看看情绪是否稳定，心情是否愉快。如果觉得自己情绪有一定程度的不稳定，如常常因为一些小事而感到焦虑或者郁闷，则可以考虑求助心理咨询机构。

3. 做做运动，唱唱歌

在焦虑或郁闷的时候，可以尝试去跑步、打球，当用尽全身力气时，焦虑和郁闷的情绪也会伴随着汗水一起挥发出去；也可以去 KTV 唱歌，音乐会把你带到另一种情景中，当你高歌一曲时，焦虑和郁闷的情绪也会伴随歌声飘向远方。

追求完美，终会让自己焦虑不安

有一种症状叫作不完美焦虑症。出现不完美焦虑症的人多数是因为长期生活在一种追求完美的心态中，为避免失败，他们将目标和标准定得看似完美无缺，把"追求完美"当成习惯，把注意力更多地放在了害怕不能完美的现实上，并由此疑神疑鬼、胡思乱想，最终搞垮自己。心理学又把这种现象称为"消极完美主义"。

消极完美主义的思维方式，其目的是为了保护自己，害怕由于自身的缺陷得不到别人的尊重，从而钻了牛角尖。他们从错误的观念出发，因为过度看重某个问题而失去了更多东西。

大部分时候，消极完美主义者会在自己的领域取得不错的成就。为维持集体或团队的表面和气，别人做到完成就好了，他们非要把事情做到极致。别人做到1，他们怎么也要努力做到4或5。

但是通过深层次沟通，会发现他们令人匪夷所思的观点。他们看问题一般认为只有两面，比常人更容易走向极端。他们一旦认定了一个事实或者是下定了决心，就会对其他相反的意见变得相当地神经质，这个时候，他们通常会表现得"冥顽不化"。

2010年，达伦·阿伦诺夫斯基执导的影片《黑天鹅》中，女主角妮娜是一名出色的芭蕾舞演员，她在舞台上的精彩演绎堪称完美。在一场盛大的演出中，她极力争取到了天鹅王后的角色，被要求分别饰演纯真无瑕的白天鹅与魅惑邪恶的黑天鹅两种完全对立的角色。追求完美主义的妮娜能够将白天鹅演绎得十分出色，却始终无法很好地饰演黑天鹅，因为她不能接受邪恶的自己。虽然导演一再强调，让她尽量释放自己，轻松地去饰演，但她想到自己将与"邪恶""黑暗"等词挂钩，就感到紧张和焦虑。因此，她还常常惩罚自己，甚至自残。

为了能够完美诠释黑天鹅，妮娜濒临精神崩溃的边缘。她不断节食，身体越来越消瘦，甚至吸食大麻，放纵自己，完全颠覆了之前高雅端庄的"乖乖女"形象。

经过一番地狱式的煎熬之后，她的付出终于有了收获。她开始能够在舞台上尽情地释放自己，成为一只冶艳而魅惑的"黑天鹅"，她的表现也得到了导演的极力认可。然而，即便如此，她还是觉得自己不够优秀，她开始对周围的人对她的评价产生猜忌，并断定她的竞争对手正在策划一场阴谋，以夺取自己好不容易得来的天鹅皇后一角，一旦她的表现出现丝毫差错，那个竞争对手就会取代她。她对自己的要求更加严苛了，甚至到了疯狂的地步。这一切让她的精神更为错乱，最终陷入了充满幻觉与妄想的世界当中。

尽管影片的最后，妮娜达到了艺术的巅峰，成功演绎了白天鹅与黑天鹅两种截然相反的角色，但是她也付出了无比沉重的代价——她不仅患上了严重的幻想症，还昏死在她所热爱的舞台上。

像影片中妮娜这样过度强调十全十美的名人比比皆是，相信大家都不会忘记张国荣、三岛由纪夫、茨威格等人的自杀事件。他们曾是所在领域最耀眼的明星，却在事业的巅峰阶段将自己的生命掐断。造成这一凄惨结局的原因之一就是他们极力追求的完美主义。尽善尽美是处事认真的一种体现，但过度追求完美，则很容易导致心理失衡，甚至罹患焦虑症。

从某种意义上说，他们的完美主义已经失去了"完美"本身所带来的积极意义，甚至变成了自我成长的黑暗枷锁。在心理学上，像妮娜这样"自我毁灭"的人，被认为是存在比较严重的"不完美焦虑症"。他们一般都会表现得过度谨慎、害怕出错、过分在意细节和讲求计划性等，对于来自他人的评价表现得过于敏感。

德国大文学家歌德曾说："谁若游戏人生，他就一事无成，谁不能主宰自己，永远是一个奴隶。"就普通人而言，对自己没有高标准的要求，缺乏自控能力，一般不容易实现自己既定的人生目标，难以获得家庭的幸福和事业上的成功，其情绪容易受外来因素的干扰，使其行为与人生目标反向而行。但对自己太过苛刻则会带来反作用。

因此，每个人都要记住，再美的钻石也有瑕疵，再纯的黄金也有不足。世间万物没有完美无瑕的，人也不例外。我们每个人都不可能一尘不染，在道德上，在言行上也不可能没有一点错误和不当。人总是趋于完美却永远达不到完美。因此，你不必对自己和别人做过高的不切实际的要求。

俗话说："金无足赤，人无完人。"如果你不敢接纳自己的不完美，那你已经不完美了。放下自己的心理负担吧，缺点没什么大不了，努力改正不就可以了吗？何必耿耿于怀，何必折磨自己呢？如果一个人足够自信又能坦承自己的缺点，他会显得很可爱。那么，我们应该如何以正确的态度去面对自己的不足并克服它，逐步完善自己呢？

1. 有良好的自信心

为什么大多数人不愿意正视自己的缺点呢？原因就在于他们不自信。这类人害怕别人看清自己的缺点，所以往往夸大和肆意宣扬自己的优点，长此以往下去，不仅会让别人对你感到厌烦，也会对自己的身心不利。

2. 拿出自己的勇气来对待

既然不完美是客观存在的，是没有办法的事情，那么逃避就不如坦然面对。正视自己的不足，正视自己的不完美，你要相信，缺憾有时也是一种美。

焦虑来自工作的拖延，为何你的效率总是低下

阻碍一个人天赋释放的往往是很多坏习惯。早晨赖床的习惯会让一个人上班迟到；爱找借口的习惯会让工作拖到最后；不珍惜时间的习惯会让人工作效率低下……总之，那些坏习惯会毁了一个人的效率与执行力。

在工作中，有四种坏习惯最可怕。它们会让一个人对时间管理无序，而且加强身上的拖延症。如果你能够加以克服，不仅会使你的工作变得生动有趣，而且还可以提高你的工作效率。

1. 公办桌上杂乱无章，严重影响解决问题的效率

你的办公桌上是什么样的情景？是不是杂乱无章地堆满了各种信件、报告和备忘录？当你看到自己乱糟糟的桌子时，你是不是会紧张地想：我还有什么工作没有完成，怎么看起来我有这么多没有完成的工作。你是不是会因此感到焦虑，觉得工作如此繁重，从而对工作产生厌倦？著名的心理治疗家威廉·桑德尔博士就遇到过这样的病人。

这位病人是芝加哥一家公司的高级主管。他刚到桑德尔的诊所时，看上去满脸的焦虑。他告诉桑德尔，自己的工作压力实在是太重了，每天总有做不完的事情，但是无可奈何的是又不能辞职。桑德尔听完他的一席话之后，指着自己的办公桌说："看看我的桌子，你发现了什么？"这位主管顺着桑德尔手指看去，回答道："比起我的办公桌，你的实在是太干净了。"桑德尔听了他的话微微笑道："是啊，这样干净是因为我总是在第一时间将工作处理完，这样一来我的桌子上就不会有太多的东西啦，你可以试一试我的方法。"

那位主管一脸疑惑地看着桑德尔。3 个月之后，桑德尔接到了那位主管的电话。在电话里那位主管非常高兴，他对桑德尔说他的方法简直太神奇了，现在他看到自己的桌子再也没有像

以前有那么大的压力了。"现在我的桌子也和你的一样干净了。"就这样，桑德尔治愈了这个高级主管的焦虑症。

著名诗人波布曾写过这样的话："秩序，乃是天国的第一条法则。"芝加哥西北铁路公司的董事长罗南·威廉说："我把处理桌子上堆积如山的文件称为料理家务。如果你能把办公桌收拾得井井有条，你将会发现工作其实很简单。而这也是提高工作效率的第一步。"

看自己的办公桌，如果文件堆积如山，那就开始清理它吧。

2. 工作中分不清事情的轻重缓急

著名企业家亨瑞·杜哈提说，如果一个人同时具备了他心中的两种才能的话，不论开出多少薪水，他都愿意。这两种才能是：第一，善于思考；第二，能够分清事情的轻重缓急，并据此做好工作计划和安排。

查尔斯·鲁克曼在12年之内，从一个默默无闻的人，一跃成为公司的董事长。他说这都归功于他具有的两种能力。第一，善于思考；第二，能按事情的重要程度安排做事的先后顺序。查尔斯·鲁克曼说："我每天都会在凌晨5点钟起床，因为此刻正是思维活跃、清晰的时候。在这个时候，我可以就我近期的工作进行一些规划，排出事情的重要程度，以便安排自己的工作。"

3. 不能果断处理问题，导致问题总是处于悬而未决的状态

霍华德先生说，在他担任美国钢铁公司董事期间，董事们总要开很长时间的会议。因为，会议期间要讨论很多议题，但是大部分议题却无法达成共识。其结果是工作效率无法提高，而董事们的工作量却十分繁重，每位董事都要抱上一大堆报表回家继续工作。

针对这种毫无效率的工作方式，霍华德向董事会提出了自己的建议：每次开会只讨论一个问题，而且必须做出最后的定论。霍华德说："虽然这个做法也有其弊端，但是总比悬而未决，一直拖延来得要好。"最终，董事会采纳了他的建议。很快，这种方式就体现出了它的优势。他们很快就把那些积累了很长时间的问题解决了，董事们工作起来也觉得轻松了许多，不必再把家庭作为自己的第二工作场所了。

不得不说，这确实是一个提高工作效率的好方法。

4. 喜欢大包大揽，不相信自己的部下或者同事

很多人都有这种工作习惯，所有事都喜欢亲力亲为。结果，

他们总是被那些琐碎的事情纠缠得筋疲力尽，无法享受到自己辛苦打拼来的幸福生活。这种现象在很多领域都普遍存在。有一些人总是不放心其他人，担心那些人会把事情搞砸。于是，他们不得不不厌其烦地处理那些细微的事情。喜欢大包大揽的人，始终处于一种紧张的、焦虑的生活之中。

然而，要试着相信他人，将自己手中的工作分一部分交给他人来完成，对于一个责任感太重的人来说也是不容易的。如果一个人没有能力承担你所交给他的工作，那么必将会影响到你的相关工作，进而损害你的声誉。可是，如果我们要摆脱终日紧张的工作状态，就必须要学会分权，学会量才而用。将那些无关大局的琐碎工作交给他人，你不仅会提高自己的工作效率，还会真正体会到工作的乐趣。试一试吧！

上面列出了在工作中容易养成的四个坏习惯。请检查一下自己在工作中是否正在犯上述的错误。如果有，请马上改正。这样，你就会懂得如何管理时间，如何提高效率，如何增强自己的执行力。

装出好心情，烦闷时看到快乐

当你心情焦虑、烦闷，感到喘不过气般难受时，聪明的你应该选择释放，而不是压制。想要喊一声那就喊出来，想要跺跺脚那就跺跺脚，想要抱头痛哭那就哭一场，任其发泄几分钟，但要设定好自我放纵的界限。当你内心的苦闷释放出来后，你的心情就会变得好起来。

其实，在我们情绪低落时，装出好心情是放松身心、从消极转向积极的最有效的方法。因为我们可以通过"装"的过程获得真实的好心情，最终，原本只是装出来的好心情变成真实的感受，从而让我们在不如意的时候较为快乐，遇到困境时也较有自信。

丹丹今年刚 25 岁，但是在她身上看不出属于年轻人的青春活力，能见的是眉头紧锁、声音低沉，一副萎靡不振的样子。这种状态持续了好久。这天，丹丹和一位在公司大厦做保安的师傅一起乘坐电梯，师傅看了丹丹几眼说："闺女啊，你怎么总是愁眉苦脸的，是有什么不顺心的事吗？"丹丹敷衍地说："啊，叔叔，我没什么，心情不好而已。"

师傅哈哈大笑起来，说："我以为是什么大问题，我来教你一个办法。以后不管你遇到什么难事，你都告诉自己，我很开心。哪怕是不开心，你也要装作开心，然后没一会儿，你的心情就会在自己的主动带动下变得开心起来。"丹丹将信将疑地看着师傅。

丹丹下班回家，想要好好休息一下，谁知道她表弟把她的房间弄得乱七八糟，甚至弄洒了她最喜欢的香水。她刚要发火就想起电梯里师傅教她的办法，于是她默默地对自己说："没什么，我要保持好情绪，我很开心，眼前的这一切都是小事而已。"刚开始的时候丹丹觉得很奇怪，感觉自己就像个神经病。但是这么一想，自己似乎也真没那么生气了，反而觉得舒服了点儿。从那以后，只要有什么不开心的事，她就会让自己假装很开心。后来她终于明白了，一个人的好心情取决于最初的情绪选择，所以哪怕心情不好的时候假装一下好心情，也会弄假成真，与好心情结缘。

丹丹之所以能够摆脱萎靡不振的生活并拥有好心情，最关键的一点就是她学会了"装"出好心情。无论是在工作中，还是在生活中，假如我们能够学会"装"出好心情，我们就可以真的拥有好心情。

能够让自己获得快乐的心情是一种能力，而一个能让自己在不快乐时依然保持微笑的人，是生活的智者。很多人都喜欢阿庆嫂，却很少有人喜欢祥林嫂，这是因为，生活需要一种阳光的心态。生活不可能永远波澜不惊，但只要我们懂得调整自己的心情，就会让自己一直快乐。

当心情不佳时，要学会控制，装出自己有好心情。只要装出一份好心情，就能让自己保持快乐、积极的情绪，就能让自己的心情真正好起来。那么，我们该如何做呢？

1. 假笑疗法

焦虑时，可以找一面镜子，然后对着镜子努力挤出笑容来，持续几分钟之后，你的心情就会变得好起来，这种方法叫作"假笑疗法"。实验证明，假笑能触动体内横隔膜，具有很好的热身效应。假笑时，体内横隔膜会将假笑引发成真笑，在不知不觉中，你就会由衷地发出笑声了。

2. 转变角度思考问题

很多坏心情都是由于钻牛角尖形成的，在自己心情不好的时候，时常用这样的话提醒自己：世界上并不是每个人都很顺利，跌跌撞撞才是人生。千万不能觉得自己很倒霉，越想越气，心情也会越来越糟糕。

3. 回忆愉快的事情

当我们确实很烦恼的时候，不妨回忆一些愉快的事情，用美好的回忆装满自己的内心，让美好的回忆荡漾在我们的心中，溢到我们的脸上，这样就能"装"出好心情。

4. 想象美好未来

未来是未知的，我们把控不了也预知不了，与其充满担忧，为何不往好处想呢？我们可以把它幻想得美好而充满希望，让自己心怀向往，这样就能让心情更美好，让前进的脚步更有动力。

加强运动，为焦虑的心情排排毒

生活中隐藏着很多小压力，比如，家庭小吵小闹、挤公交地铁、无人理解、他人误会，等等。不要小看它们，这些慢慢累积起来，它们就会造成人们的焦虑。压力能引起很多心理疾病，那么，我们该如何消灭生活中的负面情绪，给焦虑的心情排排毒呢？其实，运动就是一个非常不错的选择。

大学毕业之后，林强在一家互联网公司做编程。由于每天都在敲代码、处理数据，林强经常会觉得头昏脑涨，心里紧张焦虑，慢慢地心里产生了压力。

林强每天都觉得很烦闷，于是就在论坛上抱怨，希望得到大家的安慰和理解。可是事情并不是他想象的那样，随着他的抱怨，论坛里越来越多的人也开始抱怨，这不但没有帮助他，反而让他心里更加郁闷。

一次偶然的机会，林强遇到了自己的老同学阿伦，在得知他的困惑之后，阿伦哈哈大笑说："按照我说的做，绝对会让你轻松很多，不信你就试试！那就是多运动，多参加体育锻炼，在运动中忘掉烦恼，缓解心中的压力。"后来，一有机会林强就和朋友们跑步、划船、游泳、登山，等等。慢慢地他感到，虽然运动时大汗淋漓，但心里却畅快多了！后来在林强的带动下，他身边的人都慢慢地喜欢上了运动。从此，公司里不再死气沉沉，大家没有了烦恼和抱怨，心中的压力少了很多，工作效率也提高了。

生命在于运动，尤其是在大都市，生活节奏紧张，竞争激烈，人们整天忙碌于工作、学习、人际交往、家庭事务之中，并且交通工具发达，高楼林立，出门有汽车、地铁、轻轨，上楼有电梯，以交通工具代替走路，以电梯代替上楼的现象已很普遍，很多人就忽略了运动对健康的重要性。

感到郁闷焦虑时，我们不要把自己单独关起来，也不要去做无聊的举动伤害自己。只要我们还不至于要靠吃药缓解，那么就可以挽救自己的心情。我们可以通过运动，不管是什么运动，激烈的也好、缓和的也好，来驱除郁闷。

所以，你烦闷吗？那就运动吧；你痛苦吗？那就运动吧；你压抑吗？那就运动吧；你想缓解一下此刻的糟糕心情，释放一下自己吗？那就运动吧！运动方式有很多，你可以根据自己的喜好随意挑选。

1. 散步或慢跑

散步或慢跑是一种强身健体的好方法，保持一个玩耍的心态去对待，沿途看看风景，呼吸一下新鲜空气。不需要制订跑多少圈的目标，也不必去计算自己跑步的时间，适可而止地跑一跑，你会获得前所未有的轻松感。

2. 健身房健身

健身房是一个运动气氛浓厚的地方。如果你没有自制力，不妨选择去健身房锻炼，在健身的同时，你也可以跟大家一起聊聊天，谈谈心得。你不仅能够在锻炼身体的同时把体内的坏情绪给释放掉，还能在与朋友的交流中进行良好的倾诉。

3. 游泳

游泳的好处不仅仅是强身健体，从水中看世界，也是不错的体验。或者把自己想象成一条美人鱼，在水中畅游。就算不大会游泳，也可以在水浅的地方戏水，浸在水中，感受水温柔地流动，看着平静的水面因游泳的人而激起的涟漪。

4. 球类运动

篮球、排球、羽毛球、乒乓球、足球……球类运动数不胜数，相信总有一项是你喜欢的。如果你感觉生活焦虑，心情压抑，不妨跟朋友去打打球，释放汗水的过程也是排除焦虑的过程，相信一番运动之后，你的压力也会被释放很多。

运动，让你的身体更加强壮，让你的心灵更加轻松。当你心烦意乱、心情焦虑时，适度运动可以带来好心情。值得注意的是，虽然运动对人排解不良情绪有益，但也应该把握适当的度，否则会对大脑机能造成损害。选择自己喜欢的运动，这样才能持之以恒地练下去。

第三章
抱怨不会改变生活，只会让它越来越垮

　　我们每天好像都会听到这样的声音：抱怨自己的不如意，抱怨家里没有带给自己好的经济基础，抱怨老公无能，抱怨老婆不贤惠，抱怨上天为何这么不公，把一切苦难都给了自己……但我们可以观察一下，这些喜欢抱怨的人，他们的生活有因为抱怨而变好吗？抱怨不仅解决不了任何问题，还会徒增烦恼，让人最终因烦恼和愤愤不平而压垮了自己原本幸福的人生。

抱怨让你的人生一片阴霾

现在的生活节奏这么快，每个人都是既忙碌又辛苦。但是，很多人却在抱怨：起床太匆忙，没时间吃早餐；挤车时，被别人捷足先登；路上拥堵；策划做得不好，被上司当面批评；同事升了职，自己还在原地踏步……

也许，你的心里还很有底气：整天被这些烦心事纠缠，生活根本不快乐，我无法改变，抱怨抱怨也不行吗？

但是，如果你纠结于这些事，自然会滋生抱怨的心理，那样将很难得到快乐。你之所以抱怨不快，是因为你在工作中只关注了痛苦，而没有挖掘到快乐。当你学会为生活多添加一些作料时，你会发现，生活中还是有很多快乐的。只是，快乐不是凭空等来的，而是需要你去寻找与发现——只有积极地寻找与发现，你才能领略到快乐的美好。

　　派克市场是美国西雅图市的一个特殊市场，之所以这么说，是因为这里跟一般市场不同——市场尽头的鱼摊前充满了快乐的氛围，众多顾客和游客都认为，到此处买鱼是一种快乐的享受。

　　原因就在于这里的鱼贩虽然每天被鱼腥味包围，干着繁重的工作，但他们总是将笑容挂在脸上。他们个个身手不凡，工作起来就像是马戏团演员在表演一样。尽管海风让这里变得很冷，可是鱼摊却让这里温暖了起来。

　　有一位来自威斯康星州的游客选中了一条三文鱼。只见一名鱼贩淡定地站在原地，抓起鱼向后面的柜台扔去，并且喊道："这条鱼要飞到威斯康星州去了。"

　　柜台后的另一名鱼贩也露出了笑脸，顺势将鱼接住，还不忘来一句："这条鱼飞到威斯康星州了。"话音刚落，他就将这条鱼打包完毕了。

　　围观的人见鱼贩们整个动作一气呵成，不禁齐声欢呼。大家在欢笑声中买了鱼满意地离去。

　　这就是著名的派克市场。与其他市场上的鱼摊相比，它并不出众，可它为什么具有这么大的魅力呢？

　　有一次，一位记者专程来这里采访鱼贩，问道："你们在这种充满鱼腥味的地方工作，为什么还能保持这么愉快的心情呢？"

　　其中一名鱼贩回答说："几年前，这个鱼摊处于破产的边缘，于是大家整天抱怨连连。后来，有人建议说，与其每天抱怨，还不如改善工作的品质。在接下来的工作中，我们发现，快乐对于自己和顾客来说都非常重要。

　　"于是，我们不再抱怨生活的艰难，而是把卖鱼当成了一种艺术，并且创造出了'飞鱼表演'。所以，不管哪一天，只要来了顾客，我们都会亲切地问候他们，进行表演。就这样，我们在工作中找到了快乐。"

　　这种工作气氛还影响了附近的居民，他们经常到这儿来跟鱼贩聊天，感受鱼贩的好心情。后来，甚至有不少企业主管专程跑到这里来学习鱼贩快乐的工作方法。

　　所以说，一个人能否快乐完全取决于个人选择——无论你是谁，无论你身处何种环境，只要愿意在工作中寻找并发现乐趣，就能享受到好心情。

美国石油大王洛克菲勒曾说过："如果你将工作看成是一种乐趣，那么你的人生就是天堂；如果你将工作当作一种义务，那么你的人生就是地狱。"

很多时候，我们总在抱怨工作的繁忙和单调，心中充满了烦恼和无奈。其实，你不知道，工作快乐的秘诀不是做自己喜欢的事，而是喜欢自己做的事。工作的快乐在每一个细节中，需要你用乐观的心态去领会。

大学毕业后，林晓可尝试过多种工作。后来，她去了一家育儿网站，成了一名网络编辑。

林晓可爱好文学，加上她非常喜欢小孩子，所以对这份工作很满意。在工作中，她经常跟准妈妈们交流，并在组织现场活动时跟一群可爱的宝宝做游戏。

虽然有时候需要加班，可是林晓可没有半句怨言。她还经常跟同学提起自己的工作："我在工作中不仅学到了很多育儿知识，而且还结识了不少朋友。"

相比之下，单位里其他几个"怀揣梦想"的大学毕业生，她们在从事网络编辑工作之后，觉得每天都重复同样的事情十分枯燥，毫无新意可言。因为理想与现实的巨大差距，她们的内心无法达到平衡，始终牢骚满腹，最后不得不离开公司。

比尔·盖茨说过："如果只把工作当作一件差事，或者只将目光停留在工作本身，那么即使是从事你最喜欢的工作，你依然无法持久地拥有对工作的热情。"可见，一个人对工作没有热情，自然不会感受到其中的乐趣。

对待工作，抱怨的心态是不该有的。有一句话说得好："没有抱怨，你不一定会成功；但是有抱怨，你一定不会成功。"抱怨是妨碍我们工作顺利和事业成功的大敌，必须铲除。

命运往往是公平的，上帝在关闭一扇大门的同时，必定会打开一扇希望之窗。你与其死守着那扇紧闭的大门怨天尤人，还不如转身尽快找到属于自己的那扇希望之窗——打开窗户，外面就是蓝天。

所以，在生活中遭遇困难和挫折时，没必要怨天尤人。只要用积极乐观的心态勇敢地去面对，那么，你定能从灰暗走向光明。对工作充满兴趣，善于发掘工作中的快乐，你就能成为一个快乐的人。

那么，怎样才能摆脱自己的抱怨情绪，做一个积极向上的人呢？

1. 用感恩的心看待生活

谁的一生能没有磨难？谁的一生会一直顺风顺水？当磨难

来临时，如果你能换一种眼光看待世界，而不是抱怨，那就会跨过这个磨难，迎接到新的生活。用感恩的心来对待所遭遇的一切，最后成就的只会是你自己。所以，一定要培养自己宽广的胸怀，以感恩的心对待折磨你的人和事。

2. 宽容是一种人生境界

心理学认为，一个能有效阻止抱怨发生的办法，就是要有宽容之心。宽容是一种无私的行为，宽容也是一种境界。宽容是一种给予，如果在生活上工作中能对自己的家人、朋友、同事给予更多的理解和宽容，那必然也会得到其他人的帮助。

3. 多反省一下自己

一点儿小事就抱怨，难道真的全部都是外界对不起你吗？你是否哪里做得不够好，哪里需要提高呢？这些问题，你是否注意过？所以，当我们空闲的时候或者是晚上休息的时候，多想想，自己哪里需要改进，自己有什么地方做得有失妥当。与其抱怨他人，不如提升自己。

珍惜现在拥有的，抱怨会让幸福的人生垮掉

名利并不是越多越好，如果你在追求这些的时候迷失了自己，永不知足，过度痴迷，那你也不会真正收获快乐。所谓知足常乐，就是这个道理。许多时候，我们之所以感觉不幸福、不快乐，多半是由我们的不知足所导致的。

小悦在某家公司做行政工作，收入一般，但她非常喜欢时尚的衣服，而且热衷于名牌。刚去公司那会儿，她才23岁，公

司里的一个同事小王爱上了她，并向她求婚。小悦本不喜欢小王，但考虑到收入可以翻一番，同时小王对自己言听计从，也就答应了。

　　婚后的生活虽然不富足，但也衣食无忧，而且两个人在同一家公司，出双入对也非常惬意。但是，小悦渐渐开始厌倦婚后的生活，而且开始抱怨小王挣得太少，甚至以没有本事为理由羞辱他，并扬言这样的生活缺少情趣，要离婚，等等。小悦希望得到名牌衣服，出入名流会馆……

　　就在那个时候，一个比较风流的花花公子阿豪走入了小悦的生活。阿豪垂涎小悦的美貌，并且了解到小悦的家境，感觉有机可乘。而小悦也正在为小王的"无能"发愁，两人一拍即合，各取所需。

　　世上没有不透风的墙。小王得知了此事，愤怒地责骂小悦，并最终离婚。

　　小悦更加无所顾忌，而且对阿豪的要求也越来越高。小悦不满足于已有的生活，她要求更高更具品质的生活，希望像公主一般出入社会最高层次的舞会。而阿豪本来也只是爱慕她的美貌，看到她要求如此高，不免有些后悔。最后，阿豪开始躲着小悦，然后从小悦的世界里消失了。

　　小悦的生活重新回归了正常，而此刻，她连自己的家都丢了。

　　拥有既是财富，更是幸福。可生活中偏偏有些人，对拥有的不知道珍惜，对没有的总在渴盼，得不到却又心生抱怨，像这种人是无法真正地享受生活的。所以，从现在开始，盘点你拥有的东西，并珍惜所有。

　　人之所以痛苦，是因为你追求了错误的或者对你而言不重要的东西。如果我们只是忙忙碌碌地追求而无视身边的美好，那么幸福也会远离我们。所以有时间静下来的话，不妨想想，什么才是你人生中真正需要的东西。只要我们珍惜拥有的，那么我们就是富有的、快乐的。

　　过去的已经过去，现在的一切也终将成为过去。我们所能做的，只有珍惜现在的拥有，而不是沉湎于过去失去中。"塞翁失马，焉知非福"，我们正在失去的是现在短暂的欢乐，没准也是未来长久的痛苦。习惯失去，珍惜拥有，无论是曾经、现在，还是未来。

　　人生没有彩排，每天都是现场直播。假如你经历过病痛地折磨，你就会认识到你往日拥有健康时是多么地幸运与快乐，你就不再抱怨你缺失了什么。朋友，未来不可知，你唯一能做的就是珍惜此刻生命中所拥有的一切！

1. 不要过度地索求一些东西

我们总会索要很多的东西，无论是精神上的还是物质上的，有些东西要拿得起，放得下，有些东西得不到也不要强求。自己要懂得生活，才会觉得生活是幸福的。当你幸福时，不要埋怨生活，不要抱怨生活，只要没有太多的奢求，平淡的生活就是一种难得的幸福。

2. 停止你对现实的抱怨

没有人喜欢一个满腹牢骚的人，谁都怕被抱怨的情绪所传染。你的抱怨，不仅让你失去现有美好的生活，更会让你失去朋友，让人生变得艰难。人生当中，许多简单的方法，都可以让人感到快乐，而停止抱怨就是其中之一。

3. 羡慕他人，讲求"度"

不要羡慕别人，别人的幸福是别人的事，羡慕别人只会让自己越来越忧愁，越来越烦恼，越来越痛苦。然后你开始自怨自艾，怨天尤人，逐渐磨蚀自己的优点，滋生嫉妒的情绪，衍生见不得别人好的心理，最后变成自己最讨厌的那种人。

停止抱怨，行动才更接近成功

作家保罗·柯艾略在《牧羊少年奇幻之旅》一书中写道："没有一颗心会因为追求梦想而受伤……当你真心渴望某样东西时，整个宇宙都会联合起来帮你的忙。"

在这个世界上，谁都会经历失败。假如我们一直沉浸在失败中，整个人就容易处于一种消极而低沉的心理状态中，此时我们也最容易和美好的事情擦肩而过。想要摆脱这种困扰，必须要行动起来。唯有行动才能驱散阴霾，进而让自己成功。

2013 年 5 月 16 日，"万人迷"球星贝克汉姆通过英足总官网发布公告，宣布赛季结束后退出职业足坛。从此，这个在刀锋上书写传奇的人留下了他在职业生涯上的最后背影。然而，这个曾经缔造过无数辉煌的超级球星也有过低谷期。

1998 年，在贝克汉姆的事业蒸蒸日上时，命运却无情地跟他开了一个玩笑，一张红牌终止了他的第一次世界杯之旅。最终，在这场比赛中，英格球队输给了阿根廷，被淘汰出局。初尝失败打击的贝克汉姆曾一度有过离开英格兰的打算，但次年和维多利亚的婚礼以及儿子的出生冲淡了那张红牌的阴影。此后，他调整状态，更加努力地用行动证明自己。终于，2002 年韩日世界杯，贝克汉姆找回了自信，重新站上了巅峰。但是在 2006 年德国世界杯上，在与葡萄牙队的交锋中，一向自信的贝克汉姆再次倒下了，英格兰最终失利。贝克汉姆在世界面前第一次流下了伤心的泪水。

30 年来，贝克汉姆经历过戏剧性的跌宕起伏，感受过大喜大悲，也承受过刀刺般的疼痛，但他从不服输，而是用积极行动一次次地证明自己，慢慢靠近成功。既然这个世界不相信眼泪，那么无须抱怨，只有行动起来，才能触摸到成功的棱角。

同样，在陷入对偶像的狂热崇拜时，我们也要学会从偶像身上汲取正面的力量，学习他们面临困境时不抱怨、不气馁的乐观精神，将那些力量与精神移到自己身上，自我鼓励，去完成对梦想地追逐。

要想解决问题，首先就是要行动。坐着不动是无法改变事情结果的。要想改变职业停滞的状态，就要学会"自我革命"，只有不断突破、不断行动、不断提升自己，才能不断地成长。

20世纪90年代，当一批毕业生走出西部某师范院校的大门时，一位令人羡慕的优秀毕业生却把市重点高中的聘书折起，独自去南方闯荡，只因为那里掀起的改革浪潮震动着她的心弦。南方报刊那些优美、深刻而犀利的文笔曾经拨动过她的心弦，她要凭自己的能力在那片神奇而浪漫的土地上，圆自己儿时的作家梦。

一天，她向某报社自荐。总编有点意外，看着这个长相一般但却充满自信的女孩儿礼貌地问道："我们报社没登招聘启事啊！为什么你偏要来报社呢？"

她思索了一下，认真地说："主编先生，我很喜欢贵报的风格，而且我觉得我还可以让它更加完善。我很喜欢文学与写作，也想通过贵报把自己的能力证明给你们看。"

听完她这番诚恳的话语，总编眼前一亮，开始考虑她的去留。不用怀疑，她能独自一人来到这个陌生的城市闯荡，本身就是一种能力的证明。于是，他考虑了一下说："我们研究一下。"

一周后，她接到了试用通知。

虽然刚开始她做的只是校对工作，但她竭尽所能去做好工作，同时，利用业余时间把自己的思想变成文字。不久，她的能力得到了每个编辑的肯定，而且也开始向各大报社投稿。两年后，她已成为深圳蛇口有名的优秀作家。后来，她又根据自己的生活体验和对生活的思考，写了一部反映在时代变迁中人们心态变化的长篇小说。她获得了成功。

她并不只满足于实现作家的梦想，又开始向着陌生领域挑战自己的能力。后来，她得知一家造船厂正缺乏资金，经过对项目的调查后，她决定放弃优越的工作，辞职创业。从文人到企业家，需要真打实干。从多方筹措资金到引进技术、拉客户、做广告等，一切她都亲力亲为。最终，她获得了丰厚的收益，也提升了自己的综合能力。

美国总统肯尼迪曾经说过："不要问你的国家给了你什么，而要问你为你的国家做了什么。"如果你对自己的人生不满意，想一下，你为改变这一处境做了些什么。如果你没有行动起来，那么，从现在起，拿出你的能力去改变命运吧！用行动来代替抱怨。你会发现，自己曾经渴望过的都能在行动中实现。

生活中，克服抱怨，解决问题有以下五个办法。

1. 写下你所抱怨的事情，用自问自答的方式一件件客观地分析，并找出解决问题的思路；

2. 找个成熟理智的朋友，倾诉自己的烦恼、苦闷、不满和牢骚；

3. 让"未来的自己"来劝慰"现在的自己"；

4. 用喜剧的方式来回忆一件困扰你的事情；

5. 运用 21 天不抱怨法。

21 天不抱怨法是由美国最伟大的心灵导师之一——威尔·鲍温牧师发起的，它的具体步骤是：先把紫手环戴在自己的一只手的手腕上，当发现自己在大声抱怨时，就将紫手环换到另一只手，这样，每次抱怨（只要是从嘴里说出来的牢骚、批评和闲话都算抱怨）时，紫手环就会被我们从一只手移到另一只手上。如果听到其他戴紫手环的人也在抱怨，那么你可以在指出别人的行为前，先移动自己手腕上的紫手环，因为这时你也在抱怨他们的抱怨。

如此坚持下去，直到连续 21 天你的紫手环都戴在同一只手上，养成连续 21 天不抱怨、不发牢骚、不批评和不讲闲话的目标为止。

抱怨产生问题，优秀者解决问题

　　生活中总是有很多喜欢抱怨的人，他们每天喋喋不休，不是抱怨工作累，就是抱怨待遇低；不是抱怨升职太慢，就是抱怨办事太难……可是，当他们喋喋不休地抱怨的时候，是否发现有些人却一声不吭，只顾埋头工作。难道那些只顾埋头工作的人没有不满意的事情吗？还是他们为了讨好上司而阳奉阴违？难道他们的心理承受能力就那么强吗？

　　过不了多久，我们会发现，曾经抱怨的那些事现在都优惠了那些不抱怨的人。他们是事业和生活的宠儿，老板爱重，同事喜欢，甚至连邻居家的孩子都喜欢他们。这是为什么呢？

其实大多数人只想着抱怨，从没想过如何去解决问题。而在他们看来，抱怨无济于事，任何时候，办法都比问题多。即便是自己的条件不如他人，即便是那些不公平的待遇他们也能暂且忍受。这正是他们的优秀之处。

善于解决问题的人就是优秀的人。在任何情况下，他们都会把他人的抱怨看成是解决问题的机会。

某市物价局的一名干部，从来都是任劳任怨，从不抱怨。

他是部队转业参加的工作，没有什么特殊技能，参加工作的头三年，全局的办公室都是由他打扫。每天，他都是第一个到单位。后来办公室又来了一个年轻人，他的地位上升了，但仍然坚持打扫。别人不理解，他却没有一点怨言。

有一次，领导对他写的办公室材料不满意，要求他重写。他尽最大努力写好交上，领导很高兴，可是，却得罪了办公室的人。这下，办公室的人几乎都与他为敌。他没有辩解，照样热情工作，而且办公室有需要帮忙的，他也当仁不让。

他所在的科室主任期满被调走后，大家都认为主任之职非他莫属。没想到，领导却从别的科室提拔了一个副主任来当主任，把他"下放"到偏远的山区物价所。机关里很多人都议论纷纷，说他主要是"缺少活动"。他没有找领导诉苦，也没有表示出不满。

谁都没想到这个有点窝囊的人在十年后竟然当上了物价局的局长。人们问退休的老局长为什么看好他，老局长回答："每次晋级评比，无论评上还是评不上的都是满腹牢骚。什么去基层太苦、薪水太低、环境太差、无法照顾家庭等，我的脑袋都要爆炸了。可是，我从来没有听到他抱怨过什么，他总是在想办法解决问题。他在基层能一干八年，解决了那么多遗留问题，你们能做到吗？"

人们这才明白，原来这个"老蔫儿"的长处就是不抱怨。

政府机关和大公司本来就是个最容易产生牢骚和抱怨的地方，唯有勤勤恳恳才有进步的机会。道理很简单，僧多粥少，位居金字塔中上层的寥寥可数。每个金字塔底部的人，都渴望自己早一点快一点上去。但是，社会从来都是不公平的，由于各种原因，不可能保证每一次的人事变动都能够公平。因此，那些自我感觉非常良好，以为某个位置，天经地义非我莫属的人，一旦发现愿望落空，就会采取各种各样的方式，发泄心中的不满，甚至会一怒之下撂挑子，给领导脸色看。领导对他们怎能有好印象？

那些不抱怨默默工作的人，反而会给领导留下深刻的印象，觉得他可以委以重任。因为他们在别人抱怨的时间中默默无闻地用工作的成绩来为领导减轻压力；因为他们自觉地做着分外的许多事情。如此，领导能不青睐他们吗？正是因为不抱怨，使他们能集中心志并将其放在工作上，于是他们的工作不仅主动，而且谦逊，职位得到提升也是很自然的事情。由此可见，不抱怨，是一种态度，也是一种智慧，其不仅可以建立和谐广博的人际关系，而且能够帮助自己开辟一片新天地。

不管在什么组织，任劳任怨，做出优秀的业绩，为组织创造价值，才是被提升的基本原则。因此，如果你一直对自己的职位不满，认为是屈了自己的才，不要总是抱怨领导没有给你机会，不妨仔细问问自己，是否在领导交给你期望的任务后，能够圆满完成。

1. 抱怨有时候就是推卸责任

无论在生活还是在工作中，每个人都会面临种种困难或问题，担任职务越高的人，其面对的困难或问题则越多。优秀的人接到困难的任务，不给自己找可以不完成的理由，也不在面对问题时掺杂任何消极的态度，并试图将它推给别人。他们总是以阳光的视角去积极面对困难或问题，积极尝试。如此，即便没有产生他们预料的好结果，上司也会改变对他们的看法。因此，如果你有时间进行抱怨，还不如把时间用在寻找克服困难、改变环境的方法上。当你能对问题提出两个以上的解决方案时，人们才会对你刮目相看。

2. 抱怨不会让你取得进步

优秀者，他们成功的共通之处是不抱怨，是想尽办法去解决问题。遇到困难去挑战它，遇到委屈去化解它。只有不抱怨才能获得成功，也只有不抱怨，才能取得进步。如果你是个爱抱怨的人，请向那些优秀的人学习，把困难或问题当成提高自己工作能力的一个机遇。减一分怨气，多一分责任，多一分主动，用实干代替抱怨，那么机会早晚会来到你面前。

给自己一个微笑，化解抱怨的戾气

快乐与幸福是世人所追求的最理想的生活状态。无论生命中遭遇多少坎坷，人生最终的目的都是为了获得快乐和幸福。长期抱怨的人，很容易犯一个错误，那就是助长自己脑海里的消极想法。也许有人曾经这样说过："我知道我不该抱怨、不该生气，但我不知道该怎样让自己不去抱怨、不去生气。这该如何是好呢？"

其实，有一个方法可以帮你解决这个问题，那就是微笑。

人生，每天不一定都能得到快乐，但如果碰到了烦恼的事情，记得给自己一个微笑；碰到了令自己生气的事情，给自己一个微笑。微笑，起码能使自己有一个好心情。

因为每个人的经历和对快乐的定义不同，所以快乐因人而异，谁也无法替代谁。乐观主义者说："人活着，就有希望；有了希望就能获得幸福。"他们能在平淡无奇的生活中品尝到甘甜，因而快乐如清泉，时刻滋润着他们的心田。微笑，本身就是一种感情交流的美好神态。对别人真诚地微笑，体现了一个人热情、乐观的心态；对自己微笑，则是乐观和自信，让我们的心灵一直生活在愉悦之中。

那些不善于微笑的人，总是悲观地看待周围的一切，结果就被悲观淹没了。

乐观开朗的小赵大学毕业后，应聘去了北京的一家大型外贸公司。上班的第一天，小赵非常谨慎，虽然公司离住的地方不远，但为了给公司的人留下一个好印象，他还是早早起床洗漱，穿上一套职业装，把自己打扮得非常精神。

他本以为，这样做可以引起公司的领导和同事们的注意。可事与愿违，到了公司之后，人力资源部经理把他领到他所工作的后勤部之后，就再也没有人搭理他，同一部门的同事们也没有人主动跟他交流。

　　小赵在座位上等待部门经理安排任务，可是等了半天，经理也没有来，他只好去找经理。部门经理对他说："小赵啊，你去把饮水机的水换一换，再去帮大家买些充值卡，捎带着把大家的午饭买回来……"

　　从此，小赵就开始做这些琐碎的事情。过了一阵子，小赵感到非常郁闷和无奈，他也不知道该如何是好，拒绝吧，又担心部门经理会生气。本来对他来说，帮助同事是非常乐意的一件事情，可是没有一个人说声谢谢，没有人对他的行为表示肯定。更让他生气的是，在同事眼中这些琐碎的事情仿佛是他的本职工作。对此，小赵连续失落了好几天，脸上根本没有一丝笑容，心里也一直抱怨部门经理不"体察民情"。就这样，小赵在压抑和抱怨中工作了几个月的时间，最后辞职走人。

　　此后，小赵的情绪一直很坏，在求职中也屡屡碰壁，完全没有当初的劲头与信心，原本一个乐观开朗的小伙子，变成了一个满腹牢骚的人。

　　小赵是职场新人，由于没有经验，所以没有处理好与上司、同事的关系，因而心生抱怨。但抱怨根本解决不了问题，相反，还会让自己的心情一直低落，根本感觉不到快乐。我们周围有很多像小赵一样的人，抱怨生活不公平、不如意，总是跨不过那扇快乐之门，一直生活在抑郁、忧伤之中。

人活一世，肯定会遇到各种各样的情况，这其中也会有让我们感到心烦，让我们抱怨的事情，但这就是生活。很多人在面临这种情况的时候，常常会显得非常低落，甚至是手足无措，爱抱怨、发牢骚。如果你整天沉溺在自己悲伤的情绪中，或者沉浸在无边的恼怒之中，你就永远也发现不了快乐。

刘松是一家金融投资公司的部门经理，在同事们看来，他总是深沉而严肃，一天到晚脸上难以出现一丝笑容。因为这个原因，他没有亲密的朋友，没有谈得来的同事。

他的个人生活也非常糟糕，与太太结婚十多年，日子过得枯燥无味。太太这么多年来，也难得看到他微笑一次。为此，太太不止一次抱怨过他。

一天早晨，刘松照例洗漱完准备上班。突然，他从镜子里看到自己绷得紧紧的脸孔，感觉非常僵硬。他吃了一惊，心中开始不安。他给我打电话，向我说出了他的不安。我想想也不知道该如何安慰他，就说带他去看心理医生。后来，我们去看了心理医生，他将自己的苦水倾倒了出来。医生建议他多微笑，逢人就微笑。

看过医生后，刘松尽量做到医生的要求。早餐时间，太太叫他吃早餐，他立刻高兴地回答："我马上来。谢谢你天天为我做早餐，你辛苦了。"说着便满脸笑容地走了过去。谁知他的太太愣了神，没有想到他今天会跟往常不一样，不过，她还是高兴地说："你今天是不是遇到好事情了？"刘松愉快地回答说："从今天开始，我们都要生活在喜气洋洋的氛围中。"

来到公司后，刘松微笑着向同事们打招呼。大家在诧异和好奇中慢慢地接受了他的转变，并对他报以微笑。慢慢地，他跟同事们打成了一片，无形之中与同事们的关系拉近了不少。如今的刘松跟之前完全是两个人，之前他阴沉、严肃，而现在他快乐、充实。

如果你能意识到自己不该抱怨的话，那就时刻保持微笑，积极调控情绪，多跟积极阳光的朋友往来，让自己每一天都在愉快的气氛中度过。那么，微笑能够带给我们怎样积极的情绪呢？

1. 微笑能带给内心宁静

无论生活给了你多少失落和波折，人生给了你多少辛酸，只要你回报一个微笑，让微笑的花朵永不凋谢，那么你就能拥有一份内心的宁静与淡然。给生命一个微笑，你的生命将因微笑而精彩，你的微笑同时也将因生命而美丽。

2. 微笑能传递快乐

爱抱怨其实是很愚蠢的。要解决这个问题，非常简单，不管什么时候，不管面临怎样的情况，只要我们能够始终保持微笑就好了。微笑具有不可估量的力量，当你对一个人微笑时，他也会还你一个微笑，你们彼此都会获得一个好心情。

世界因你的微笑而灿烂，生活因你的"毫无怨言"而变得更加美好。

第四章
停止悲伤，别让你的眼泪陪你过夜

　　每个人都有悲伤的时候，当悲伤来临时，整个人会处于萎靡之中，眼睛里看到的世界也都是悲观的世界。你的状态中不再有积极的因素，任何事情都可以被理解成消极的状态。如果一个人总是处于悲伤之中而无法走出去，他的人生将一片灰白，这样的人生又如何不会被悲伤压垮呢？

换一个角度，从悲伤的阴影里走出来

"你不能延长生命的长度，但你可以拓宽它的宽度；你不能改变天气，但你可以左右自己的心情；你不能控制环境，但你可以调整自己的心态。"其实，我们的生活并不是一无是处，抛开悲伤的一面，就能换个角度，换种心情，换种活法。

王云是个平凡的女人，她性格内向，不善言谈，穿着朴素。她有一手好厨艺，有一个踏实的老公和一个争气的儿子。在单位里，很多女同事都羡慕她。然而，王云自己却不觉得幸福，她的内心时常悲伤、抑郁。

一天，王云和好朋友杨敏闲聊诉苦道："老公虽然对我不错，但他是农村的，家里条件也不好，工作也不太好。儿子虽然考上了名牌大学，但学费也高啊，每年为给孩子凑学费都发愁。生活本来就拮据，现在更是什么都舍不得买了。现在房价这么高，以后孩子毕业，到谈婚论嫁时，我们拿什么给买婚房啊……"

杨敏听完王云的诉苦，耐心相劝道："你干吗要这么悲观，你现在所担心的事，是根本没有发生的。你这不是杞人忧天吗？你不妨换个角度来看，你老公对你这么专一，虽然钱挣的不多，但和很多有钱男人在外面养小三比不是强很多吗？你儿子考上了名牌大学，虽然学费贵，但出来以后就业不成问题，而且一定会有一个好的工作，到时候他会挣更多的钱来报答你们的养育之恩，哪儿还用得着你们为他的以后考虑？你们现在虽然挣得比有钱人差远了，但比很多人强啊。每个月都有工资，还有工作，这不就是很美好的生活吗？"

王云听了杨敏的劝告，脸上露出了会心的微笑，她感觉一下子轻松了很多。

生活中明明遭遇同样的不顺心的事，有些人能够坦然对待，依然保持一份快乐的心情，而有些人却整日郁郁寡欢，钻情绪的"牛角尖"。其实这就是以不同的角度看待问题的结果，能够换个角度看问题的人，痛苦再大，也会以"塞翁失马，焉知非福"的态度来看待。

换一下角度，发挥创新思维，在迈出困境的同时，也许就获得了柳暗花明的改变，那时你会觉得原来一切都没有想象中那么难。什么难题在你这里都不是问题，人生如此，该是何等洒脱，何等惬意。

1. 让自己的心淡泊一点

让自己的内心淡泊一些，不要总是想付出了很多，回报却很少。把这些得失看淡一些，让自己内心平和一些。看事情，从另一个方向看问题，很多是非荣辱就会成为过眼云烟，你就能很好地控制自己的情绪了。

2. 希望，要时刻留在心里

要知道，每一个明天都是希望。无论自己身陷怎样的逆境，都不应该感到绝望，因为我们还有许多个明天。只要未来有希望，人的意志就不容易被摧垮，前途比现实重要，希望比现在重要。人生不能没有希望。

3. 在生活中焕发思维的活力

平日里，你可以选择一些自己喜欢的项目，多参加健身活动，在运动中转换自己的思维。节假日，你可以选择离开闹市，多多亲近大自然，享受阳光，这样也能转换你的思维方式。让你从紧张的工作和生活中放松下来，同时也让你重新焕发活力。

常常转动脑筋，你才能足够聪明，否则，就会固守思维，缺乏灵活变通。一个人，如果不善于思考，就无法想出更好的方法，找不到更宽的路子。思路一变难题解，思路一变天地宽。智慧往往有着点石成金的作用。

不惧悲伤，每一道伤疤都代表成长

很多人害怕悲伤，害怕悲伤造成的每一道伤疤。其实，伤疤并不可怕，因为伤疤里面写着成长。正视生活带给你的一切伤害，你会发现，任何一个伤痕，都不是无缘无故就出现在你身上的。你要像读书一样读它们，像感悟哲理一样感悟它们。

在公园的长椅上，坐着爷孙两个人。

爷孙俩都是犹太人，虽然他们都是美国国籍，但犹太人的思想和精神在他们的骨子里。爷爷是他们家第一个来到美国打拼的犹太人，现如今公司做大了，已经让儿子接手。现在，爷爷最大的乐趣，就是跟儿子的儿子在一起，享受天伦之乐。

爷孙俩玩着玩着有些累了，便坐在这张长椅上。旁边是一棵一人多高的枫树，这是这个公园在秋季比较有特色的景观之一。

还不到7岁的孙子跟爷爷说着自己的理想——长大要造变形金刚或者把终结者当成自己的宠物，等等。爷爷笑着望着孙子，听着他说那些不着边际的幼稚的话。他不感到厌烦，相反，孙子丰富的想象力让他非常高兴。

突然，爷爷神秘地对孙子说道："怎么样，我们玩一个游戏吧？"

孙子一听是游戏，立马来了兴致，拉着爷爷的手问："爷爷，什么游戏？快告诉我。"

爷爷说道："游戏很简单。你看，长椅的靠背上是一根横木，你可以在上面走，就像走独木桥一样。怎么样，想玩吗？"

孙子把右手的食指放在嘴边想了想，道："爷爷，我是很想这样玩。可是，走在上面要是摔下来怎么办？"

爷爷笑了："别忘了还有爷爷，我可以扶着你啊。"

孙子还是有些害怕。爷爷说道："难道你还不相信爷爷吗？"

孙子又想了想，最后终于点了点头。

　　孙子在爷爷的搀扶下，先爬上长椅，最后爬到长椅靠背最上面的横木上。横木很窄，勉强能容下孙子那小小的窄窄的一只脚。在爷爷的搀扶下，孙子像模特走猫步一样，一只脚前一只脚后地在横木上走着。

　　不一会儿，孙子就笑道："爷爷，真好玩！太刺激了！"

　　爷爷这时候却不笑了，他突然把扶着孙子的手松开。孙子完全没料到爷爷会这样做，立即失去了平衡，像马戏团刚学走钢丝的人一样，左右摇晃了两下，重重地摔到了地上，左膝盖还磕破了一点。他"哇"的一声就哭了。

　　接下来爷爷做的事情，可以很明显地看出他让孙子摔下来是早有预谋的。只见他从裤袋里掏出两个创可贴，撕开其中一个，贴在孙子的膝盖上。但是他并不哄孙子，更没有向孙子说对不起。他只是平静地看着孙子哭泣，虽然眼睛里有些不忍，但是最后直到孙子止住眼泪，他都没有说一句话。

　　等到孙子不哭了，爷爷才说道："我亲爱的孩子，你一定在恨爷爷。恨爷爷为什么没有扶好你，恨爷爷为什么说话不算数，说好不放手的最后却还是放了手。"接着他拉着孙子的手，两个人重新坐回长椅。爷爷继续说道："其实这是我们犹太人的传统。在孩子很小的时候就要想办法让他们知道，在这个世界上活着，有两样东西你必须记住：第一，要有一颗明白的心；第二，要随时准备受到伤害。"

接着，爷爷跟孙子解释放手的原因。为的就是让他知道：有明白的心的前提是，要了解世界上充满了欺骗；随时准备受到伤害，身上多了伤疤，也就多了经验。

可能爷爷的话太过深奥，至于孙子能不能听懂还是一回事。但犹太人教育孩子的传统就是这样的，其中的含义，并不只有那些孩子们才适用。孙子看着自己贴着创可贴的膝盖，肯定会想：至少爷爷下次再跟我说玩什么游戏的时候，我要考虑一下他到底会不会再像这次一样放手了。那个小伤疤，成功地教会了他一些东西。"伤疤教育"非常有效，在短短的几分钟里，可以让一个人很容易地记住什么是教训，什么是有用经验。

美国海军陆战队退役人员萨德，他有着雄壮的肌肉，超强的反应能力。没错，他确实是一名优秀的军人。但是退伍之后，他除了去超市当搬运工，找不到更好的事情做。而且，有一次在酒吧喝酒，跟别人发生口角，他一拳就把对方鼻梁打折了。如果不是对方撤诉，他可能还会吃官司。

萨德像丢了魂似的，整天无所事事，他觉得自己这辈子完了。只有在军队里，他才能发挥出自己的作用，但是现在他已经退役了。

　　突然有一天，超市起火。他拼命救出了3个人，但是最后自己却没能够跑出来。他被大火困在了里面。等消防人员把他从火海里救出来的时候，他全身65%的部位被烧伤了。他原先一拳能把别人打晕的手，现在拿起平常的物件都非常费力。他曾经能负重一口气跑10公里的腿，现在却不怎么听使唤了，上厕所还要人搀扶。他原先的脸是非常英俊的，带着军人特有的刚毅之气，而现在，拆了绷带之后，他照镜子只用了一秒钟，镜子下一秒就成了碎片。他发誓再也不照镜子了。

　　现在他浑身上下都是被火烧伤的疤痕，很多地方就像树皮一样。他开始厌恶自己，本来觉得生活已经很没意思了，现在更是雪上加霜。他不止一次地想到自杀。他还年轻，还没有结婚，外表却被摧残成这种模样。他没办法接受原本英俊的自己变成现在这副样子，连他自己都骂自己是世界上最难看的小丑。有一次，负责看护他的护士对他说道："美国是个自由的国家，如果你非要自杀的话，没有人有权力干涉你。但是，上帝既然让你在火场里活下来，说明他还想让你活下去。希望你好自为之，也为你的亲人以及你救过的那3个人想一下。如果你死了，他们会不会伤心？"说完，这位护士走了。

听了护士的话，萨德想了很久，最后他决定坚强地活下去。他想："虽然我变成了这副样子，但是，换来的是3个生命，已经很值得了。"他开始积极地配合治疗，很快他就能够自己穿衣服和上厕所了，手能够比较稳地拿住平常的物件，再也不用吃饭的时候被别人喂了。

4年之后，他参加了国会议员的竞选，还刻苦读书，最后成功地拿到了硕士学位。他还认识了一个姑娘，两个人非常投缘，很快就坠入了爱河。如今，他已经成了美国的公众人物，许多单位或者团体请他去演讲。他还成为了美国环保组织的一个中坚人物。

萨德，在他健全的时候，他感到不知所措，生活了无趣味，但是，现在的他却开始了全新的、非常有意义的生活。一个差一点因为故意伤害罪而被告上法庭的人，最后变得如此成功，其中的转变不可谓不曲折。有些人甚至会觉得太突然："天啊，这家伙的经历就像一部蹩脚的小说，里面的转折实在是不可思议，过渡得实在是太牵强了。"但是，真的是这样吗？其实过渡是很自然的，就像萨德本人说过的："我能有今天，可能恰恰应该感谢几年前的那场大火，它给了我满身的伤痕，却也给了我全新的人生。我在这些伤疤上面，看到了成长的轨迹。它们引导我一步步走到今天。"

伤疤里面蕴藏的是知识和力量，能让一个人更好地成长。它们帮助一个人成长，促进一个人成功。

1. 从伤疤中汲取营养

每个人都应该有这样的准备，起码对于伤痕应该这样看待：无法避免，就努力开采并汲取身上每个伤疤里面蕴藏的营养。如果仔细观察和体会，我们便会发现，每一个伤疤上面，都写着两个闪亮的字——成长。

2. 敢于迎接各种挑战

作为一个现代人，要有随时迎接挑战的心理。世间充满机遇，同时也充满风险。我们需要不断提高修养，调整心态，适应社会，学会从悲伤中站起来。

3. 以正确的心态看待失败

大波大浪才能显示人的能力，大起大落才能磨炼人的意志，大悲大喜才能净化人的心灵。人活在世界上，不可能一帆风顺，每个成功的故事里都写满了辛酸。敢于正视失败，才能以正确的态度面对失败，不退缩、不消积、不迷惑、不脆弱，才能有成功的希望。

走出悲伤，不因打翻牛奶而哭泣

印度诗人泰戈尔说："如果你在错过太阳时流泪，那么你也要错过群星了。"在人生征途上，由于各种原因，我们总是要面对一些不幸的打击。终日为这些遭遇而悔恨惋惜，甚至沉溺其中不可自拔，是生活幸福的最大障碍。因为当你为已然发生的事实而悔恨时，你所错过的可能会更多。

打翻的牛奶很快会淌光，无论你如何悲伤、后悔、哀叹和伤感，都于事无补。既然这样，我们不如学会向前看，让以往发生的一切成为过去式。哪怕是再痛苦的打击，对于今天的你来说，也已经毫无意义。我们应该学着用坦然的心态去面对人生的变故。

切勿为了已经失去的东西而放弃现有的快乐，牛奶已经打翻了，再怎么懊恼和后悔也于事无补了。所以过去的事情就让它过去吧，当下的快乐才最重要。

格林夫妇一家在意大利旅游时，遭遇了劫匪。不幸的是，他们最疼爱的年仅7岁的小儿子尼古拉在这场劫难中中弹身亡了。这对于格林夫妇来说无疑是一个巨大的打击，他们如同做了一场噩梦。

可是，在医生确定了尼古拉的大脑已经死亡后，父亲格林经过考虑做出了一个惊人的决定，他要捐献儿子的器官。于是，大约4个小时后，尼古拉的心脏便重新在另一个14岁的男孩的身体里开始跳动。这个男孩有先天性心脏病，是尼古拉的心脏使他得以痊愈。而他的肾则使两个肾功能先天不全的孩子有了活下去的希望。再然后，尼古拉的肝使一个19岁年轻少女脱离了生命危险。而他的眼角膜则使两个意大利人看到了他们生命中的第一缕阳光。

这件事情轰动了整个意大利，媒体也对格林夫妇做了采访，当被问及他们做出这个惊人决定的原因时，格林先生慢慢地说："我们并不恨这个国家，也不会憎恨意大利人，我的儿子已经再也回不来了，但是我希望那个杀害我儿子的人能够真心忏悔和反思，他在这样美好的一个国家里，犯下了怎样的罪孽啊！"

格林夫妇脸上掩饰不住的痛苦和悲伤令所有意大利人为之同情，但是在同情之余人们更加深深的敬佩。格林夫妇在遭此重大事件之后所表现出来的冷静与大度，不得不让所有意大利人备感羞愧。

假如你处在格林夫妇的境地，你会做出怎样的选择呢？是否能够做到像格林夫妇那样坦然接受？还是在沉重的打击之下萎靡不振，难以接受儿子离去的现实，从此永远沉浸在无尽的悲伤和憎恨之中难以自拔？又或者牵连到对整个社会和国家抱怨憎恨？

像格林夫妇一样，他们只不过是普通公民，然而一场横祸，让很多人看到了他们人性光辉的那一面。这种光辉虽然是在巨大痛苦之下绽放的，但是也因着痛苦使这微弱的光更加地耀眼。这是一种神奇的力量，每一个人身上都具备这种力量，虽然它并不能塑造多么伟大的辉煌，但是它至少可以点亮生命之光，闪烁出人性中的耀眼光芒。

波尔赫特是一位在世界戏剧舞台上活跃了50年之久的著名话剧演员，她曾经成功地塑造了各种经典的舞台形象。

都说福无双至祸不单行，她71岁的时候意外遭遇了破产，就在她为此心力交瘁的时候，打击接踵而来。一次她在乘船的时候，不小心滑倒在了甲板上，她的腿部因此受到了非常严重的创伤。医生虽然已经尽力施救，但是由于伤势严重，迫于无奈需要截肢才能保住她的生命。医生十分为难，担心把事实告诉波尔赫特后她会承受不了这巨大打击。

结果，医生的担心是完全没有意义的。当波尔赫特从医生口中得知这个消息时，并没有像预想的那样表现出极大的悲伤，她只是淡淡地说了一句："既然医生都没有更好的办法了，那就这么办吧。"

从此之后，波尔赫特并无大的情绪起伏，即使手术当天，她还在轮椅上朗诵着戏里的台词。后来有人问她是不是这样可以安慰自己。她却说："我早已接受了事实，还要安慰做什么呢？只不过为我手术而忙碌的医生和护士都太辛苦了，我这样可以给他们一些安慰。"

手术以后，她疗养了一段时间便又开始到世界各地演出去了，她的舞台生涯在此后又持续了7年之久。

我们都应该有这样豁达的心态，坦然地面对现实，坦然地接受一切，面对已经失去的东西，我们所要做的并不是沉溺于其中不能自拔，永远活在痛苦的回忆中，而是应该重新振作，迎接新的生活，获取新的希望。努力去争取永远比痛苦懊恼来的有效。塞翁失马，焉知非福。生活总是还要继续，不管昨天你的经历是痛苦还是精彩，明天又会有不一样的际遇，所以莫要停留在当下，一定要懂得去把握未来。

1. 心若一直停留在过去，人生便永远会停滞不前

人生多也不过百年春秋，若在失去的东西上白白浪费这许多美好的时光，那么人生将有许多光阴都是虚度过去的，痛苦和懊恼的时间便也会加倍延长。

2. 接受现实

失去的就是失去了，时光不会倒流，前一秒发生的已经发生了，若你为这一秒的失去而浪费今天的美好光阴，那么实在是太不值得了。只有接受事实，丢掉那些痛苦和苦恼，才能更好地去迎接新的朝阳。

3. 走出痛苦，学会释然

其实，我们必须承认，更多的时候我们选择沉沦，从此一蹶不振是心甘情愿的，虽然我们远远望着美好，但是由于仇恨

和悲伤占据了我们的内心，我们会选择拒绝美好。

"人人皆可为尧舜"，我们不能做到像圣人英雄般有着博大的胸怀，但是我们可以选择尝试着走出痛苦。毕竟面对失去的东西，无论如何痛苦沉沦都于事无补，不如释然接受。

看淡得失，悲伤也会消失

我们知道，在得到某件东西或取得某项成就之后，我们总不免有喜悦之情涌上心头；而如果是失去某件东西或某项成绩，那么我们就会陷入深深的沮丧当中。成则喜，败则忧，这是人之常情，任何人都不可避免。

然而我们也知道，有成就必然有败，有得就必然有失。一个人在成功和得到时可以纵情欢乐，但在失败和失去时却很少能够将悲伤情绪合理排遣掉，这也就是我们看到一些人在股市崩盘之后选择跳楼轻生的原因了。

　　《大腕》这部电影是冯小刚导演的成名作，剧中讲述的是北京青年尤优为国际大导演泰勒承办葬礼的故事。因缘际会，尤优认识了国际名导泰勒，并得到身体每况愈下的泰勒的承诺，替泰勒举办一场别开生面的葬礼。

　　为了把葬礼办好，尤优找到好友路易王。在路易王的策划下，两人将泰勒的葬礼完全办成了一场捞钱的表演。但在葬礼即将举办、两人即将成为百万富翁之际，却得到泰勒病情好转的消息。尤优为此躲进了精神病院，路易王更是因受不了这心理落差的刺激，一下子疯了。

　　剧中人终归是在表演，但道理确实很现实。我们的生活中充满了赢得起输不起的人，这些人在成功时不懂得收敛以至于纵情声色，到失败之后又不懂得调节心绪从而一蹶不振。这样的人即便是一时成功了，也不可能保护好自己的成就。

　　得而不喜，失而不忧，这是人生的一种境界。我国著名的药学家李时珍就是这样的一个人。

　　李时珍，蕲州人（今湖北省蕲春县），生于明武宗正德年间。

因为家中世代行医，李时珍从小就奠定了良好的医学基础。后来李时珍来到皇宫成了一名太医。在太医院，李时珍见到了人世间最富贵繁华的景象，接触了人世间最显赫高贵的人，然而这一切却并没有令他沉醉，他明白自己要的是什么——成为一名好医生。

后来因缘际会之下，李时珍离开了皇宫。离开之后，李时珍仍然可以过着富贵的生活，然而他没有那样去做。他选择深入民间，到那些最贫苦最卑贱的人当中去救死扶伤。从朝堂到民间，从太医到乡土郎中，李时珍没有任何的不快，仍然一心一意地对待每一个病人，刻苦钻研每一味药方，亲自尝试每一种草药。

几十年如一日的坚持，终于让李时珍实现了自己的抱负，他编撰了中华历史上最伟大的一本医书《本草纲目》，因此被载入史册，为后世所敬仰。

当今社会中，像李时珍这样看淡得失的人越来越少，大多数的人，都把快乐与悲伤建立在得失上。得到了就高兴，失去了就悲伤。

人之所以会那么重视自己的得失，是因为我们已经将人生是否成功完全与物质的得失等同起来。

一个没有什么财富的人，过着简简单单的生活，其人生未必不快乐、不充实。然而有一天他中了百万大奖，一夜之间暴富了。有了钱，自然就要想怎么去花，一下子，他的欲望之门就被打开了。他不再精打细算地过日子，而是整天为去哪些餐厅发愁；他不再为每天上班几点出发才能赶上公交而发愁，而是直接买了一辆轿车，他的生活完全改变了。

然而不久之后，因为过于膨胀的欲望，他的钱慢慢被他挥霍一空，他再次过起了清贫的日子。然而，他的心却再也感受不到以前那种简单的快乐了。因为他吃过了山珍海味，就不想再吃萝卜白菜了；他坐惯了轿车，就不想再挤公交了。但山珍海味和轿车毕竟已经成为过去，他只能陷入现实的苦恼中无法自拔。

某机关一个小公务员，一直过着安分守己的日子。有一天，他闲来无事用两元钱买了一张彩票，但没想到他真的中了大奖。因为平时就喜欢跑车，于是他用奖金买了一辆跑车，整天开着车去兜风。

然而有一天不幸来临了，他的车子被盗了。朋友们得知消息后都怕他受不了这一打击，便一起来安慰他。可看着前来安慰自己的朋友们，他却哈哈大笑对朋友们说："如果你们中有谁不小心丢了两块钱,会为此悲伤吗?"众人面面相觑。他接着说:"我用两块钱买了彩票,然后得到了车,现在车丢了,不就是两块钱的损失吗?"

一反一正,这位小职员的心态值得我们所有人学习。其实,人这一生的荣辱都是做给别人看的,跟自己并没有太大的关系。只有自己过得幸福,那才是人生的真谛。

1. 做事不要优柔寡断

优柔寡断的人,总是会在得失间不断徘徊,不知道该何去何从。这就会使本该得到的,最后失去了;本该舍弃的,却因为不舍而消耗掉很多精力。时机不等人,很多事情就应该果断行事,及时抓住,竭尽全力努力,不论成功与否,都不后悔。

2. 有一颗知足的心

每个人都喜欢和他人比较,比赢了高兴,比输了悲伤。其实,我们更应该自己与自己比,比比今天的自己是否比昨天更强一些。今天努力了,收获了,就应该知足、快乐。而不是跟他人比,比输了,悲伤、难过、自卑。你要知道,每个人都是不相同的,基础不同、条件不同、经历不同,这么多不同,比的意义何在呢?

3. 看人看事，懂得认识根本

很多时候，我们看东西都只看到了表面，而看不到根本。如果你得到的只是表面，得到了不要沾沾自喜，失去更谈不上可惜。

越是悲观沮丧，生活越不如意

生活中，我们经常会感到莫名的沮丧和悲观，特别是在经历一些不顺心的事情以后，低落的情绪会让我们诸事不顺。上班总是走神，和家人相处总不耐烦，就算自己最喜欢的书也完全看不下去；有时触景生情，心中就会非常地伤感和失落。当我们一直处于这样的沮丧情绪中，还会有心情工作或者做一些原本打算做的事情吗？肯定不会。这时，伴随着沮丧心情的就是拖延。我们会把事情一拖再拖，想等心情好一点时再做。但如果你总是心情沮丧呢？

　　由于经济不景气，就业压力不断增大，许多希腊年轻人对自己的国家感到绝望。他们抱怨自己是希腊有史以来最沮丧的一代，有能力可什么也做不了。他们有的干脆把自己看成是永远的失败者。由于很多年轻人都有类似的想法，让希腊整个国家弥漫着沮丧的气氛。人们每天碰面都在讨论着悲伤烦闷的事情，有的人则计划离开自己的祖国。

　　沮丧的情绪不单影响一个国家的前途命运，对个人的生活也会造成极大的负面影响。前些年，曾经饰演《成长的烦恼》中伯纳的演员安德鲁竟然离奇失踪。据知情人士透露，他在失踪前，因为一些事情而导致情绪十分低落和沮丧。一个在荧屏上曾经给无数人带来欢乐的演员，竟然也因为糟糕的情绪做出让人如此不解的事，沮丧的破坏力可见一斑。

　　生活中，我们难免会受糟糕情绪地困扰。失望的事情发生时，每个人都会感到沮丧，但是每个人在应对这种情绪时的反应却不尽相同。同样是因为误会遭到领导批评，有的人回家就给家人脸色看或是把孩子臭骂一顿，而有的人却是打一场篮球出出汗，或是在家什么都不想，痛痛快快喝上几杯，让负面情绪得以释放；同样是找不到合适的工作，有的人整天唉声叹气，颓废绝望，感叹世道的不公，而有的人却能从自身找问题，努力从各个方面提升自己的能力和价值，并愿意把自己的教训和经验积极地和身边的人分享。

所以，一个人感到沮丧并不可怕，关键是我们不能任凭沮丧情绪在生活里蔓延。

因为晚婚，陈磊妻子怀孕时已经37岁了。无论是他自己，还是双方父母，做梦都希望这个孩子能平安降生。可天不遂人愿，陈磊妻子流产了。

沉重的打击让陈磊几乎万念俱灰。他不责怪妻子，内心却怎么也高兴不起来。他每天阴沉着脸，回到家也不爱说话；头发已经很长了，也不愿意去修剪；一脸颓废的样子，还时不时唉声叹气。以前休息时，他总爱和朋友们一起去打台球，如今他只是关上灯坐在沙发上一个劲地抽烟。

陈磊的情绪影响到了妻子。由于心情压抑，刚刚做过流产手术的妻子，身体又出了问题。医生说，如果恢复得好，一般9个月以后就可以重新怀孕。可按照现在的情况，他们至少要等到3年以后。

有的人能够苦中作乐，而有的人却亲手毁掉了自己的生活，就是因为看待负面情绪的方式不同。

如果把眼前的困境看作末日，那么生活就注定充满凄凉。但如果告诉自己咬咬牙就过去了，日子总要开心地过，那么再不幸的事也不会影响到你的心情。孩子没了，但是你还有相濡以沫的妻子，还有需要照顾的父母，还有一个完整而温暖的家庭，为了这些，就应该重新打起精神来。

在日本，有一对奶农夫妇，虽然上了年纪，却依然像年轻时一样恩爱。后来，妻子因严重的糖尿病并发症导致失明，本来开心的她从此变得悲观起来，每天把自己关在家里，在沮丧和黑暗中生活着。

丈夫是一个非常乐观的人。他不忍心看着妻子在绝望中痛苦挣扎，决定用自己的方式让她重新快乐起来。于是，他在自家门前建了一个花园，里面种满了各种花卉。

虽然妻子无法看到花园里姹紫嫣红的鲜花，但扑鼻的芳香最终让她走出了房门。她听丈夫描述各种鲜花的美丽形态，感受着自己被花海所围绕时的甜蜜与幸福，脸上终于露出了久违的笑容。

一个人摆脱沮丧情绪并不是什么难事，只要善于去发现身边的美好，同时也愿意为别人去创造美好，我们的生命就不会被沮丧所占据，随处可见的一定都是快乐和幸福。

英国物理学家威廉·吉尔伯特说："我们不要沮丧，每一片云彩都会有银边在闪光。"我们应该成为自己生活的主宰者，悲观沮丧并不可怕，只要勇敢面对、及时调整，就能走出困境。相反，如果任由沮丧的情绪在生活里蔓延而不加制止，那么情况只会越来越糟。

1. 学会热爱生活和工作

现实生活中，人们总是抱怨条件不充分、事情不好办、环境不允许等客观不利条件。其实，阻碍事情成功的障碍不是那些看似困难的客观条件，而是我们本身。如果你足够热爱你的工作和生活，有一种不到黄河心不死的决心，实力足够，力量足够，阻碍是不足为惧的。

2. 懂得让一切归零

永远别把过去太当回事，要学会一切从现在开始。空杯心态是一种一切"归零"的状态。让一切悲伤"归零"，让一切过往"归零"。这样才能走出悲伤，才能开始全新的开始，完成对自己全面地超越。

第五章
抵住诱惑，不要让欲望吞噬了你

繁华奢靡的世界，总有着填不满的欲望、无止尽的攀比。每当我走在街道上，总会听到两个妇女在吹捧自己孩子的成绩；每当我坐在办公楼时，总会听到两个男人间对自己事业骄傲的话语。生活中，这样的事情时刻发生在我身边。我们生活中的烦恼，不也都是这些所造成的吗？为了比别人好，为了比别人强，为了让自己更体面，最后不断地逼迫自己。这样做的最终结局，就是被欲望吞噬了原本属于你的幸福人生。

生活是自己的，不是和别人比出来的

总有些人喜欢在生活中和别人一较高下，如果工作职位比别人低，收入比别人少，就会自怨自艾，抱怨上天不公。他们常常拿别人的标准来衡量自己，自己给自己制造混乱和迷茫，甚至使自己不得安宁。

一个女孩，特别喜欢和别人比较。某同事买了一个5000元的名牌包，她马上花8000元买个更好的；某同学戴了一条新项链，她立马买一个更高档的；某闺蜜戴了一枚钻戒，她立马缠着老公买一枚更大的；邻居买了一辆豪车，她看着眼红，但是家里的经济实力又跟不上，于是她只能望车兴叹，郁郁寡欢，最后竟然得了抑郁症。

孔雀为了向他人展示自己，总喜欢打开自己绚丽的尾羽，尽管惊艳动人，却有炫耀之嫌。这位姑娘的心态就是"孔雀心理"。

"孔雀心理"是现代人非常普遍的一种心理隐患，在本质上它是一种膨胀的虚荣心。有这种心理的人会借用外在的、表面的或他人的荣光来弥补自己内在的、实质的不足，以赢得他人和社会的注意与尊重，获得好评。

爱攀比的人，自尊心总是很强，习惯把目标定得很高，做什么事总喜欢压人一头。但是"天外有天，人外有人""强中自有强中手"，不管在什么时候，什么地方总是会有人比你更优秀、更出色。所以，凡事心胸要开阔。

孔子曾问弟子子贡："你和颜回哪一个强？"子贡答道："我怎么敢和颜回相比？他能够以一知十，我听到一件事，只能知道两件事。"人贵有自知之明，理智地把目标和要求定在自己的能力范围之内，就能够很好地避免虚荣心地出现。如果一味要求自己与令我们羡慕的人看齐，一味地拿自己的短处和别人的长处相比，不仅会使自己丧失美好的东西，还会陷于尴尬与痛苦之中。

杨小文在一所名牌大学读完研究生后进了一家著名的外企公司工作，同事要么学历没她高，要么专业没她好。为此，她很有优越感，觉得自己肯定会比这些人更容易得到重用。

两个月后，当她仍然在做最基础的工作时，上司居然提拔了只有本科学历的于晓月做办公室副主任，这让杨小文感到失落和愤愤不平。

她想不通为什么会这样，她觉得上司对人不公。她整天想着这件事，甚至无心工作，只想赶快跳槽。这天，她因为分心而把一笔投资存款的利息重复计算了两次。虽然没有给公司造成实际损失，但整个公司的财务计划却被打乱了。

事后，杨小文并没有觉得自己犯了多大的错误，她觉得这不过像是做错了一道数学题一样，只要改正过来，下次注意就是了。她的这种满不在乎的态度让上司很不放心，以后再有什么重要的工作就总找借口把她"晾"在一边，不再让她参与了。

杨小文更觉得不公平了，当她的抱怨传到上司耳朵里的时候，上司找她谈话说："其实，我们最开始的计划是让你在基层锻炼一段时间，然后让你担任更重要的职务。不过，让我们很失望的是，你一直在抱怨我们对你不公平，却没能做好最基础的工作。所以，并不是我们没有给你机会，而是你自己不懂得把握机会。"

没过多久，杨小文不得不辞职了。她也终于知道，她不是败给了别人，而是败给了自己。

盲目地攀比只会让自己徒增烦恼，在摇首叹息之际将自己的机会交给了别人。

在现实社会中，总有那种什么时候都能看见别人身上优点却看不到自己身上亮点的人，他们整天追随别人的生活，却从不合理地安排自己的生活。对于一直追随别人生活的人来说，过度的虚荣会让他们在落后中自寻苦恼，给自己造成强大的压力，从而迷失自己。

其实，我们无须比较。因为不论怎么比较，总有比你强的人，那么何必自寻苦恼呢？比着比着，你会变得更加消极，总是觉得自己是有缺憾的。所以千万不要总和别人比较，以免坏了自己的心情，降低了对幸福的感知度。

1. 摆正自己目光的着眼点

现实中，很多人在与别人的攀比中，丧失了自己的个性，眼中只有别人的言行，慢慢沦落成邯郸学步。因此，我们一定要学会摆正自己的心态，不去做无谓的比较；要学会摆正自己目光的着眼点，不让自己迷失。

2. 适当放松，少一点奢求

别奢望太多，更不要用比较的眼光看问题，懂得时刻告诉自己"这样就可以了""已经很好了"，通过心理暗示，让自己放松下来。幸福的生活从来不是比较出来的，你需要什么争取什么就好了。

3. 不断提升，跟自己赛跑

与其和别人比较，不如做个跟自己赛跑的人。列一张表格，把自己要完成的目标和时间写出来，然后一步步按照表格执行，看最终是否完成。这样，在点滴中进步，赢过昨天的自己，岂不是更好。

摒弃虚荣心，面子上的好看不代表生活

虚荣心和面子总是息息相关，爱面子的人常常活得不轻松。一个人只要有追求荣誉的欲望，就不可能没有虚荣心。对爱面子的人来说，虚荣心是种扭曲了的自尊心，是为了取得荣誉和引起普遍注意而表现出来的一种社会情感。他们的虚荣心是自欺欺人，爱面子就是为了保护自己的虚荣心。

《新商报》上曾经登过一篇文章——《孩子不认亲妈妈》。

一个一年级的小学生看到其他同学每天上下学都有轿车接送，很是风光。自己的父母是普通工人，坐在自行车上被同学们看不起时，他就恳求做生意的姑姑开车送自己上学。这种要求得到满足后还不算，这位小学生居然当着同学们的面告诉他们，姑姑才是自己的妈妈。而以前来送自己的妈妈却被说成是保姆。

小小年纪竟如此爱慕虚荣。这是为什么呢？

随着人们物质生活水平地提高，不但在成人中，就是在许多未成年的学生中，过分的虚荣心也在不断膨胀，眼前的物质往往满足不了他们的欲望。如有的同学在庆祝生日时，所送的礼物虽然自己的经济能力承受不起，但为了避免人家说他穷、小气，也要打肿脸充胖子。

扭曲的自尊心就是虚荣心，这也是过分自尊的表现。有些人无论何时何地，总要表现出自己高人一等，其实，这就是太爱面子的虚荣表现。凡是虚荣心强的人总是活在自欺欺人的幻境中，可结果，往往又欺不了人，只能自己欺骗自己，给自己带来许多痛苦。

某市一个漂亮的女大学生通过网络认识了一个比她大6

岁的男友。此男自称毕业于名牌院校，父亲是企业家，母亲是公司股东，自己也有一家公司。因其穿戴的都是名牌，女孩很快倾心于他。交往一个月后，男友提出要带女孩去见自己的父母，于是女孩就在取款机上取了7000元给男友，准备和男友一起去买礼物。结果男友随后提出去帮女孩买水喝，可是一去不返。

虚荣心是个坏东西。有位心理学家说，虚荣心是使人走向歧途的兴奋剂，它能燃起一个人的邪念，使人失去理智，最后往往导致终生的遗憾。那些太爱面子的人，谈吐行为无一不清楚地展现出虚荣的气息，于是，骗子往往很容易找向他们。

在经济飞速发展的今天，人们的虚荣心愈发膨胀，从爱慕物质、爱慕钱财、爱慕地位走向爱慕荣誉、露脸等。时代越发展，对人们的诱惑就越多，虚荣心的表现也会多种多样。一般来说，虚荣心很强的人缺乏自知之明，会过高估计自己的长处。一旦在某方面达不到自己的要求或比不上他人，他们甚至会用虚假的东西来掩饰，这正好让骗子钻了空子。

某些人的虚荣心也许还不至于让骗子得逞，但只要有虚荣心，就能让人从你身上找到缺口，进而掌握你的弱点。因此，要根除爱面子的弱点，就需要抛弃自己过分的虚荣心。

虚荣具有潜伏性，如果你不知道自己的虚荣心有多强，可以测试一下，看看你是不是个很爱面子的人。

1. 在外面吃饭，常常剩下很多。

2. 不管是衣服还是小东西，都爱挑名牌的买。

3. 买不起的东西，就算分期付款也要买。

4. 多次因受不了店员推销而买下商品，回到家却后悔。

5. 参加宴会时，发现别人穿得都比你时髦，你会很早就离开。

6. 买东西的时候，即使是价格很低的，你都会用大钞请人找钱给你。

7. 除了虚荣心强，你还是一个输不起的人。你非常在意周围的人怎么看你，老爱跟别人比。

8. 常常为了夸耀自己，不惜说出一大堆的谎言来欺骗别人。

如果以上这些你占了半数以上，说明你的爱面子心理已经非常严重了。

其实，好面子的人往往最没面子。这样的人缺乏自信，显然，没有人会为他们的虚荣买单。只有自己终日被自己好强的心理牵着鼻子走，造成越来越明显的偏差，徒增生活负担。

　　如果能够放下面子，试着相互了解，相信社会会更加和谐，对自己也有更多的益处。如果你真正爱慕荣誉，那么，就立下大志，通过奋斗创造出属于自己的荣誉，这才是最大的光荣。如果你取得了令人羡慕的成就，何须打肿脸充胖子？

在物欲横流的社会，保持平淡如水的心

也许很多人觉得，生活必须要热烈而奔放，要每天活得充满激情，要时刻迸发力量。但是，现实生活中，并非每个人都能有如此奔放的心态和际遇，每个人都有每个人不同的人生。除了热情与奔放，其实，那些平平淡淡所编织的画面，才是人生中最美丽的。

张友下班后约老同学李晨一起出去喝酒，结果李晨却说不想去，没心情。张友见他满脸的不愉快，就问："咋的了，兄弟？老天没有下雨啊，你怎么阴沉着脸，一副不高兴的样子？"

李晨闷闷不乐地说："怎么可能高兴地起来呢，原本是我的位子，现在坐上别人了。"

原来李晨在他们公司竞争一个经理的位置，他花了很多心思，各项业绩也很好，但还是未能竞争上。

张友笑着说："哎呀，就这点事啊，没什么大不了的。你还年轻着呢，以后继续努力，淡然一点，想开些就好了。走吧，一起喝酒去。"于是张友拉着李晨去了酒吧。张友说了很多安慰的话，李晨才算好了一点。

大概一个月之后，张友在回家的路上又偶然碰见了李晨。他发现李晨比以前瘦了很多，而且脸色蜡黄，像是生过一场大病似的。张友关切地询问："哥们，你这是怎么了，怎么几天没见你，变化这么大，是哪里不舒服吗？"

李晨说："你说我多亏呀，我费了那么大的功夫，勤奋、努力、不休息，什么事都抢着干，可是这回连部门经理我都没选拔上。你说我在这公司里还有个什么奔头啊！"

张友安慰他说："别多想，稍微看淡一点吧。再说，你现在也不错，当着主任，薪酬也很高，在公司也是重量级人物。别人比你资历老，升了也是应该的。"

谁知道李晨竟然向他大声吼道："你知道什么啊，我付出这么多我容易吗？凭什么资历老就应该把我踩到后面啊？我不想平平淡淡，我要活得精彩，活得壮观！我要往上升，往上升！你知道我的内心吗？"

李晨气愤地走了，弄得张友怔怔的。从此以后，张友很少再见到李晨。后来居然听说他已经精神失常，每天在接受心理医生的治疗。

尽管我们的生活离不开柴米油盐，但生活也不能仅有赚钱和高升。要怀有一颗淡泊的心，学会量力而行，坦然接受生活赋予自己的一切，做到宠亦泰然，辱亦淡然；有也自然，无也自在，如淡月清风一样来去不觉。其实，仔细想一下，这样的生活其实也是非常快乐阳光的，也会带动你变得更为积极。

朋友们，宁静淡泊的心态会让你越发有修养，它能让你在物欲横流的社会中保持自我，保持本真，保持宁静。有一颗平淡如水的心，你就不会轻易被琐事烦忧，你会活得更淡然、洒脱、自信，从而获得心灵的充实、自由。

1. 不要一味地进行攀比

人比人，气死人。生活是自己的，为什么总是要和别人去比较？如果我们懂得怀有平淡的心看世界，就会看到很多无处不在的幸福，这种幸福就是宁静、淡泊、从容。

2. 懂得享受生活的惬意和温暖

你可以在工作的同时抽出一定的时间，去陪陪家人，去逛逛超市，去书店转转，去大自然中走走；给朋友打个电话，叙叙友情；或者泡一杯香茗，一边慢饮一边欣赏优美的乐曲、火爆的电视剧、皎洁的月光……

3. 善于从生活中发现幸福

生活中有很多的无奈和艰难，我们要善于从中发现幸福，在幸福中寻求美好，这样就能保持一份内心的平淡。平淡的生活看似无聊乏味，其实不然。只要你细细品味，就会发现，平淡的生活可以让人减少烦恼和焦虑，是人生的一种享受。

别因为七嘴八舌的议论，让自己手足无措

现实中，我们习惯了在别人注视的目光下生活，为了迎合别人的看法，也慢慢喜欢用一些华丽的包装去粉饰自己。当能力、成绩得到周遭的鲜花、掌声和无数的赞美声时，才有种被肯定的感觉。然而一旦自身价值受到众人的质疑和鄙视，在嘘声漫天中，我们便对自己彻底失去信心。

"我觉得你完不成这样的任务。"

"你也没经验，坚持下去也是徒劳。"

"你的性格不适合从事这个行业。"

"原谅我不能嫁给你，跟了你我看不到未来的希望。"

……

太多的否定从四面八方涌来，犹如电闪雷鸣，七嘴八舌的议论，让我们手足无措。就像参加《非诚勿扰》的男嘉宾受到24位女嘉宾"刻薄"的指摘时一样，自我肯定的防线一降再降，甚至连自己也开始怀疑自己的能力和魅力值。接受了别人否定的"批判"，你会变得异常怯懦、自卑，看到朋友们的风光，会自我否定，认为自己什么都做不成。

浮华背后的都市生活，让我们不堪重负的心灵已经焦虑不安，所以时常希望从别人赞许和支持的目光中，得到一丝丝的勇气。但是你会发现自己的想法"很傻，很天真"。旁观者大多带着有色眼镜在审视你，所谓伯乐更是可遇不可求的，真正能了解和肯定你的人只有自己。所以人一定要适当地让自己拥有一种不服输的倔强。

许多人总觉得别人拥有的种种幸福是不属于自己的，不能与那些命运好的人相提并论。然而他们不明白，这样的自卑自抑、自我抹杀，将会大大削减自己的自信心，也同样会大大减少成功的机会。试想，一个连自己都不"挺"自己的人，还奢望别人能给你怎样的肯定和鼓励呢？哈佛大学心理学教授泰勒说：“当我们不接纳与生俱来的价值时，我们其实是在渐渐地破坏自己的能力、潜力、喜悦和成就。”

所以，大家应该记住：在这个世界上，除了你自己，没有人可以否定你的价值。

她出生在一个贫穷的山沟，生下来时就只有一只手。她还患有小儿麻痹症，右腿萎缩。在她5岁时爹病故了，娘是一个傻子。

19岁那年，傻娘走失后再无音信。她靠着村民的捐助才念完高中，当收到大学的录取通知书后，她选择了放弃。因为高昂的学费，已经不是村委会能负担得起了。当时很多人都认为，这样的女孩就算大学毕业也找不到合适的工作。

她从小酷爱唱歌，天然没有杂质的声音像银铃一般悦耳，放羊的时候她总会高歌一曲。全村的人都在背后议论，身体上有残缺，又没有经过专业的声乐训练的她，想在音乐上有所发展真是天方夜谭。然而她却并没有因为听到闲言碎语就放弃，也没有因此而感到自卑。

当全村人都为她发愁时，她锁了家门，挂着双拐，走出了山沟，整整用了三天。没有一个人相信她能出去工作挣钱，但她却毅然决然地走了出去。她在心里告诉自己：我一定能找到工作，养活自己。一路上还不停地叨念着："老天爷把这条命给我了，我一不能死，二不能伸手要饭！"

在省城，工作并不好找，几天后，她选择了擦皮鞋。在小区门口擦皮鞋，边擦皮鞋边给光顾的客人们唱歌。每次擦完皮鞋后大家都夸小姑娘声音好，然后带着愉悦的心情离开。她相信就算自己这辈子不能做歌星，但是能用甜美的声音给别人带来好心情，也实现了自己的价值。

久而久之，她的故事被有心人拍摄了下来，并在报纸上做了相关报道。于是慕名而来擦皮鞋的人越来越多。直到有一天，一家专业制作手机彩铃下载的网站，主动找到了她并愿意跟她签署长期的合作合同，让她用自己的好嗓子录制手机彩铃的音乐和网站的原创广播剧。

从此，女孩凭借自己的好声音找到了一份不错的工作，而且她的作品也成为了网站点击率最高的作品之一。

女孩没有因为周围人异样的眼光和质疑的态度而自暴自弃，就算身体残疾也没有彻底否认自己生存的能力，而是坚定爱好并不断地给自己打气。

很多时候，我们遇到困难就会责怪命运不公，总以为自己的能力有限，于是逃避退缩。其实只要再努力一点点，幸福就在触手可及的地方，成功只需要多一点自信。自信与积极乐观的态度犹如风帆，那是你乘风破浪的必需品。它们能助你披荆斩棘，直达彼岸。

一位哲人说："你的心志就是你的主人。"不要因为别人不信任的眼神而忧郁迟疑，也不要因为别人质疑你的能力和理想就从此萎靡不振。要知道，没有自信与积极乐观的态度，就如天空飘浮着的浮云，游移不定，没有光彩。

如果这个世界上还有一个人有资格否认你的价值，这个人就是你自己。如果你真的向自己投降了，那么也就将幸福抛弃了。我们应该时刻铭记自信者的格言："我想我能够的。现在不能够，以后一定会能够的！"

1．对自己有深刻的认识

将自己的爱好、特长等全都罗列出来，再细微的也不放过。通过外面的世界更加全面地认识自己，正视自身的缺点，以客观理智的态度看待，不自欺欺人，也不矫枉过正，以积极的态度应对现实。

2．相信自己有着独特的价值

我们要相信自己的独一无二，要肯定自己的价值。每个人都是独特的，每个人的存在都是有价值的。"我存在，故我有价值！"自己身上的特点，没有好坏之分。因为每一种性格都有两面性，每一种特质都是你自己独有的。

3．积极向上，在奋进中提升自己

很多人比较敏感，容易接受外界的消极暗示，从而陷入手足无措中。如果能正确对待别人的议论，把他们给你的压力变成动力，奋发向上，就会取得一定的成绩，从而增强自信。

人生没那么复杂，可以活得简单点

诗人汪国真说："人生是公平的，你要活得随意些，你就只能活得平凡些；你要活得辉煌些，你就只能活得痛苦些；你要活得长久些，你就只能活得简单些。"简单生活，是一种智慧，也是一种人生境界。其实，人世间的关系根本没有那么复杂，只是因为有了利益，才出现了后面的你争我抢，勾心斗角。纷繁的尘世其实也很简单，却因为每个人都想要得太多，才有了恩恩怨怨、聚散离合。

有一个叫杜晓的女孩，在一家互联网公司上班，今年29岁，也到了谈婚论嫁的年龄。在与朋友的聚会过程中认识了一位单身男士谭林。谭林对杜晓一见钟情，联系了一段时间后便表达了自己对杜晓的好感。谭林是一家服装公司的经理，年薪30万左右，有房有车，条件相对来说已经不错了。

杜晓的好朋友见谭林对杜晓有好感，觉得两人也比较般配，就劝杜晓说："晓晓，你都快30岁了，别再磨叽了。谭林这个人人品不错，条件又好，打着灯笼都难找。他对你又挺喜欢的，差不多就得了，相处一段时间就结婚吧。"

可杜晓觉得，一方面，谭林虽然说喜欢自己，愿意和自己白头偕老，但还是爱自己不够深，需要再考察考察；另一方面，杜晓觉得可能会遇到更好的，所以想再等等。有一次情人节，谭林为杜晓买了一大把玫瑰，还给她买了一套高档护肤品，杜晓这才觉得谭林是爱自己的，但她又想，谭林表达爱的方式还不够浪漫，她要等待谭林浪漫的求爱仪式。就这样，杜晓一直没有结婚，犹豫、挣扎、彷徨着，同时也期待着谭林更多的爱。

谭林在向杜晓表达了自己的爱意后，杜晓一直没有答应，谭林想可能是杜晓不喜欢自己吧。毕竟自己也30多了，不能再拖下去了。于是，在一次父母安排的相亲中，谭林和另一位女孩走在了一起并很快结了婚，而且生活得非常幸福。

几年之后，杜晓已经30多岁了，但仍然没有结婚。在与好朋友的一次谈心中，她抱头痛哭，在数尽谭林的种种不是后，她后悔不已……

其实，生活可以很简单，简单也是一种幸福。杜晓和谭林的爱情惨淡收场，主要是因为她把生活看得太复杂，她对生活过于挑剔。如果她当时懂得珍惜和满足，少一点苛求，那么，她就可以与谭林幸福地生活下去了。

让生活简单些，在喧嚣的社会中体验一种简单的生活，不是更好吗？不用再勾心斗角，不用再逢迎讨好别人，不用整天做一些违心的事、说一些违心的话，能随心所欲地生活，不是人生最大的乐事吗？

1. 不要总有羡慕嫉妒恨的心理

别人有花不完的钱，别人有优秀又体贴的丈夫，别人的妻子温柔贤惠，别人的汽车高端有档次，别人浑身都是名牌……为什么别人的总是好的呢？世界上那么多的别人，那么多别人的好东西，你都可以占有吗？何必怀着羡慕嫉妒恨的心理去看待这一切呢？

2. 选择自己喜欢的生活方式

简单的生活就是抛弃眼前纷繁复杂的一切，去做自己喜欢的事情，拥有属于自己单纯的空间，充分享受和发现生活中的美丽与魅力。

3. 充分认识简单的意义

想要过好简单的生活，这件事情一点都不简单。我们说的简单，并非家徒四壁或是佛门中的四大皆空，而是不要被物质所裹挟，做到随心所欲、潇洒自如。这是一种积极的心态，任何事情都能以这种心态来对待的话，就不会有那么多的不如意，也不会有那么多的烦恼了。这就是简单的艺术，这就是简单的生活。

第六章
每天改变一点点，
播种习惯收获不垮的明天

我们正处在一个快速发展、不断变化的时代，昨日的成就不能代表今日和明日的成就，只有怀着强烈的进取心与时俱进、超越自我，才能保持优秀。但是，人与生俱来就有一种惰性，这种惰性会不断侵蚀我们的进取心，从而使我们缺乏自律。我们在生活和工作中日积月累所养成的习惯、惰性和放任之所以没有成为我们自身的主宰，反而被我们所制服。那是因为我们运用了自我约束的意志力，具备能够抵制、克服各种诱惑的能力，正是我们自身所具有坚强意志的最佳体现。拥有这种坚强的意识、良好的习惯，我们就会收获不垮的明天。

无形的习惯比有形的束缚更可怕

相传，在很久以前，有一位年轻人听说遥远的海边有块不老石，于是他长途跋涉，费尽千辛万苦，终于来到了海边。

为了把检查过的石头和未检查的石头区分开，他把检查过的不是不老石的那些石头都扔进了大海。日复一日，年复一年，他已经变成了白发苍苍的老人，可他仍在重复着做同样的事：捡起一块石头，看一眼又扔掉。终于有一天，当他发现了传说中的不老石时，他的心已经老了，手已经不听使唤了。他习惯性地把不老石也扔进了大海里。

　　这个故事告诉我们一个道理：习惯会麻痹人的神经，使人看不清事情的真相，当人们回过神来，本来唾手可得的成功却因为自己的视而不见与自己擦身而过。

　　说起来，很多人或许不会相信，一条细细的铁链便可以拴住一头千斤重的大象，这看似不可思议的事情在泰国和印度却随处可见。原来，驯象人在大象年幼的时候，就用一条铁链将它拴在水泥柱或是钢柱上，无论小象怎样挣扎都无法挣脱。渐渐地，小象习惯了不挣扎，直到长成了大象。即使可以轻易地挣脱链子，它也不会再去挣扎。

　　小象是被铁链拴住的，而大象则是被习惯绑住了。很多时候，无形的习惯比有形的束缚力量来得更大，更可怕。

　　习惯虽小，却影响深远。动物如此，何况人呢？很多时候，我们刚开始总是自信满满，全力以赴，可是在连续地遭遇碰壁后，逐渐放弃努力，变得越来越懒惰和安于现状。

　　其实，成功并不是那么遥不可及，它和我们或许只是隔着一层"玻璃板"。可就在成功已经唾手可得时，人们已不愿意再付出努力，因为他们认定再怎么努力也是徒劳。他们给自己加的各种限制，才是导致失败的真正原因。

1. 先别学着抱怨

当我们抱怨自己怀才不遇时，不妨想想，到底是家人、领导、社会和体制在牵绊、阻碍着自己，还是自己不愿意改变或者改变不了某些习惯导致了自己的不成功。反省一下自己是否个性过于自以为是、清高孤傲，办事拖拖拉拉、效率太低，抑或是为人处世固执保守，不够圆润。

2. 多从习惯上找原因

俗话说得好："贫穷是一种习惯，富有也是一种习惯；失败是一种习惯，成功也是一种习惯。"人的贫穷富贵和成功与否都与习惯有着莫大的关系。如果你不想忍受一贫如洗的生活，就要试着改变一下你的思维和行为习惯；如果你不甘失败，首先就要找到导致你失败的因素，并加以改正。总之，多从自己的习惯上寻找原因，才能充分地认识到自己的优缺点，在生活和工作中扬长避短，才会更早地实现成功的愿望。

人的性格与人的行为习惯是紧密相关的

　　人，是一种习惯性的动物。不管我们愿不愿意，习惯总是无孔不入地渗透于我们生活的方方面面。调查表明，一个人每天的行动和作息，95% 受到习惯的影响，只有 5% 是非习惯性的。

　　那么，习惯与性格有什么关系呢？心理学是这样定义性格的：性格是在生活过程中形成的对现实的稳定态度以及与之相适应的习惯化的行为方式。从这个解释来看，人的性格与人的行为习惯是紧密相关的，所以才有习惯决定性格的说法。

每个人刚生下来时，个性和天赋是差不多的，差别就在于后天环境对自身的影响。不同的生活环境使人形成不同的习惯，也造就了不同个性的人。所以，孔子说："性相近也，习相远也。"

英国著名作家查·艾霍尔曾说过这样一句话："有什么样的思想，就有什么样的行为；有什么样的行为，就有什么样的习惯；有什么样的习惯，就有什么样的性格；有什么样的性格，就有什么样的命运。"可见，一个人习惯的好坏，不仅影响一个人的性格，从长远来讲，也会影响一个人的成功。

很多时候，成功与失败仅一线之隔，而横亘在中间的很可能只是一个细小的却往往被人忽视的个人习惯。

日本一家食品检测的企业准备招聘一名卫生检测员。有一位小伙子看着很有气质，谈吐不凡、举止大方，领导看到很是喜欢，而且这名小伙子业务知识也相当地扎实。结束面试后，小伙子在临出门时无意识地抠了一下鼻孔，于是领导将年轻人从面试名单中划去了。年轻人没想到正是这个看似不起眼的小动作，使他失去了唾手可得的工作岗位。在这位领导看来，一个没有良好卫生习惯的人如何能做好卫生检测员呢？

所以不要忽略任何一个微小的不良习惯，说不定哪天，它会在关键时刻成为你成功的绊脚石。纵观古今中外，许多伟大的人物之所以能够取得成功，都是因为他们有良好的习惯。这些良好的习惯或许只是饭前洗手，做错事要道歉这样的小事，却足以让他们终身受益。

在 1988 年为世界诺贝尔奖得主于巴黎举办的聚会上，一位记者问一位诺贝尔奖得主："您在哪所大学、哪个实验室学到了您认为最重要的东西呢？"这位白发苍苍的学者回答道："幼儿园。"

"在幼儿园能学到什么东西呢？"记者不解地问。

"把自己的食物分享给小伙伴，学会观察大自然，学会饭前便后要洗手……"

著名的教育家叶圣陶先生也十分重视培养良好的个人习惯。他认为："好习惯养成了，一辈子受用；坏习惯养成了，一辈子吃它的亏，想改也不容易。"那么，我们该如何培养好的习惯和性格呢？

其实，习惯和性格的养成归根结底还是自控力的问题。

1. 提高自我控制的能力

知道哪些行为是好的，哪些是不好的，哪些可以做，哪些则坚决要制止。

2. 建立一个好习惯

我们在纠正坏习惯的同时，也是在建立一个好习惯，而在建立好习惯之初是比较痛苦的。比如说，你知道吸烟有害健康，想把烟戒掉，可真要做起来就会比较难，烟瘾会时不时地提醒你把手伸进口袋里，找打火机。如何才能战胜烟瘾呢？自控力。如果你控制住自己不去想吸烟的事，不让所有与烟有关的东西出现在你的视线里，或者想办法将注意力转移到别的地方；实在不行，你也可以找一些替代品，如口香糖等。坚持一段时间后，你会发现改掉吸烟的坏毛病并不像想象中的那么难。

所以，要培养好的习惯和性格，就要注意增强自我控制的能力。一个能够控制住自己的人，才能真正地掌握自己的命运。

学会自律，那是养成良好习惯的基石

从一个人的习惯就可以看出他的自控能力，因为习惯是自控能力的体现。

一个人如果缺乏自律精神，没有自控能力，干什么都无所谓，那么什么也都会对他无所谓；相反，如果一个人做什么事情都能自我约束、仔细认真、精益求精，那么成功就离他不远了。

把自律的精神运用在竞技场上，它就是一支队伍取得胜利的关键。在很多的体育项目中，那些举世闻名的球星，无一不是自律的人。如：足球中的 C 罗，篮球中的詹姆斯、科比……在美式足球中，也有着这样一位人物，他是一位教练，但他靠着让队员们自律的习惯，创造了惊人的成绩。

　　文思·隆巴第是美式足球史上非常了不起的一位教练，在他执教期间，美国绿湾队取得了史无前例的惊人成绩。

　　他是如何做到有如此了不起的成就的呢？在文思·隆巴第和队员之间的一次谈话中，我们可以窥探出其中的奥妙。他对球员说："我只要求一件事，那就是一定要取得比赛的胜利。如果不把目标定在非赢不可上，那比赛就没有丝毫的意义。你们要跟我一起工作，除了照顾好你们自己、你们的家庭和球队之外，你们必须克制自己，摒弃及抗拒其他的一切诱惑。"

　　除此以外，他还告诫他的队员，控制住自己，除了做好自律以外，在比赛时还需要懂得不顾一切地去得分，不必理会其他任何人地阻拦。不管你的前面是一辆坦克还是一堵墙，也不管对方的队员有多么勇猛，你都不能让他们阻拦住你。你要想尽一切办法去得分。

　　靠着队员们强大的自律能力，以及在比赛中的顽强精神，绿湾队才取得了令人称奇的战绩。每个人都希望获得令人称奇的"战绩"，也都希望成为一个优秀的人。如果我们都以此为目标，那就也要做到队员们的自律，以及比赛中的勇猛，只有这样才能让我们变得更强大。

高尔基曾经说过："哪怕是对自己的一点小的克制，都会使人变得强而有力。"

要主宰自己并主宰自己的命运，必须对自己有所约束、有所克制。如果缺乏自制力，就像是汽车缺少了方向盘和刹车器，很难避免犯规、闯祸，甚至会发生撞车、翻车等意外。想要避免意外的发生，最基本的做法就是培养自律的能力。

人要学会自律，不要放任自己，更不该使自己迷失于懒惰和贪玩之中。自我约束等同于自我提升。

养成自省的习惯，看到自身不足

　　"一日三省吾身"是君子每日修身养德必做的功课。它告诫人们要时常自省，时时反省。可惜，在这个物欲膨胀的时代，能做到的人寥寥无几。我们对别人和外部的世界总是太过关注，往往忽略对自我的认知。发现自我以外的缺憾并不困难，难的是找到自己身上的毛病。所以，唯有自省，才能使人深刻意识到自己的错误和不足，才能让人迷途知返，不再重蹈覆辙，从而找到人生正确的方向。

君子每天进行广泛地学习并且自省，那在行为上就不会出现过错了。荀子其思想就是人要想智慧明达、行为没有过错，就要不停地、广泛地学习，而且每天要省察自己。孔子说："见贤思齐焉，见不贤而内自省也。"曾子说："吾日三省吾身：为人谋而不忠乎？与朋友交而不信乎？传不习乎？"孔孟"自我反省"的理念始终贯穿于他们的为人处世和道德学问之中。

曾国藩就是一个非常懂得自省的人。

曾国藩说："越是往高位走，就越有可能失败，而惨败的结局就会越多。因为'高处不胜寒'啊！那如何才能防止失败的出现呢？最佳方法就是每升迁一次，就要用更加谨慎的心理去对待各种事情。"他还借用烈马驾车绳索已朽来作例证。

曾国藩说："身居高位的规律，大约有三端，一是不参与，就像是自己没有丝毫的交涉；二是没有结局，古人所说的'一天比一天谨慎，唯恐高位不长久'，身居高位、行走危险之地，而能够善终的人太少了；三是不胜任，唯恐自己不能胜任。《周易·鼎》说：'鼎折断足，鼎中的食物便倾倒出来，这种情形很可怕。'这里讲的就是不胜其任。"曾国藩还进一步阐述："一国之君将生杀予夺大权授予督抚将帅，就好比东家把银钱货物给了店中的诸位伙计。如果保举太滥，对国君所授予的名器不甚爱惜，就好比低价出售货物，浪费财物，对东家的货财不甚爱惜一样。"曾国藩还进一步推说："偷人家的钱财，还说成是盗；何况是贪天之功以为是自己的力量。"他认为利用职权的便利为自己谋取利益，就是违背了不干预之道，是注定要自食恶果的。如果一个人在一件事情上想贪，则有可能事事都想贪；一时想贪，则可能会时时都想贪一点，最终陷自己于不利之地。

或是正因为曾国藩的谨小慎微，他才能做到虽身居高位而无所过错。

现实生活中，那些事业有成的人大多是懂得经常自我反省的人。他们从反省中发现自己的不足，从而清楚自己如何才能更好地行事。反省让他们收获了更多更好的东西。

一个人一旦具备了自省的能力，便可以控制自己的欲望和冲动，驾驭自己的思想和情绪。不仅如此，还可以通过自省这面镜子，客观真实地认识自我，获得真正的智慧。

一只小猴子在下山的路上，看到玉米就去掰玉米，看到桃子便丢掉玉米去摘桃子，后来看到大西瓜，又丢掉桃子去摘西瓜，再后来看到了一只兔子，又丢了西瓜去追兔子。最后，兔子没有追到的小猴子两手空空、神情沮丧地回到家中。其实我们学知识不也和小猴子下山有共同之处吗？我们天天学习新知识，但是边学边丢，到头来真正学到的东西寥寥无几。

让我们算一笔时间账，从小学到高中毕业，一共 12 年，4380 天。而我们要学多少知识呢？两千多个常用汉字，三千多个英语单词，千余条数理化公式，把这些知识平均分配到每一天中，会发现，其实我们学的只有那么一点点，更不好意思的是，我们就连这一点点都没有学好。如果我们每天背会一个单词，那么这四千多天过后我们就能掌握 4380 个单词，这样我们还会担心我们的英语四级考试考不过吗？说来道去，我们中大部分人为什么还是掌握不好呢？因为我们一遍又一遍地重演了那个《小猴子下山》的故事。

人贵有自知之明，这个世界上最难解的谜题其实就是我们自己。通过自省，通过对自己地剖析，能够帮助我们抖尽身上的灰尘、帮助我们找到解开谜题的钥匙、帮助我们在黑暗中找到光明的方向。学会自省，让我们拥有超越自我的力量，让我们成为生活的智者。

良好的生活习惯，带来健康幸福的人生

每逢夏日，街边撸串成为现代人喜欢的休闲方式。几个朋友聚在一起，一边品尝着烤肉啤酒，一边天南海北地神侃，直到凌晨才各自散去。人与人之间相聚小酌固然没错，但不加节制地消费健康却容易带来一系列问题：由于暴饮暴食，或是吃了太多不新鲜的肉类食品和海鲜，第二天可能出现肠胃不适的症状；睡眠严重不足，不仅会影响到工作和生活状态，也会造成悲观抑郁、焦躁易怒的情绪，甚至会引发心脑血管疾病。

生物钟是生物体生命活动的内在规律，调节着机体各项功能的正常运转。好的生活习惯，有规律的作息时间，能够提高人的工作效率和学习成绩，减轻疲劳，预防各种疾病的发生。反之，如果生活不规律，人的身体会感到疲惫不适，精神会萎靡不振，在严重损害健康的同时，自然也不会有好的心情。因此，改善我们的心理状态，首先要有好的生活习惯。

1. 保证充足的睡眠

夜猫子已经成为现代人的时尚标签。但睡眠不足，对身心健康会造成严重的危害。一般来说晚上十一点前就应该入睡，最好不要超过十二点，同时成年人应该保证每天七到八小时的睡眠时间。

2. 饮食有节制，注意营养搭配

一日三餐是我们每天体力和精力的重要来源。很多白领有不吃早餐的习惯，长此以往，不仅会影响肠胃功能，也会影响精神状态。要健康饮食，吃得科学，吃得合理，才能增强体质，有效抵御疾病。

3. 每天留一些放松休闲的时间

不管工作有多忙，生活有多累，都要留出一点时间来放松自己的身心。规律的生活就应该有张有弛。工作之余，安静地喝杯茶，看本书，或是看一部有趣的电影，去 KTV 唱歌，对我们的身心都能起到很好的调节作用。

美国马里兰大学的专家通过实验发现，唱歌作为一种休闲方式，不仅能释放压力，缓解心情，还能够起到预防治疗疾病的作用。当人放声歌唱的时候，不但可以促进面部肌肉运动，改善颈部、面部血液循环，还能增加人体的肺活量，预防心肺功能衰退。科学家将二十名老歌手与不经常唱歌的同龄人进行比较，发现歌手的胸壁肌发达，心肺功能好，而且心率缓慢。还有一项调查显示，每天有唱歌习惯的人比普通人的寿命平均长十年。

4. 注意个人卫生和外在形象的整洁

很多人由于工作繁忙，平时便不注意个人卫生，也不修边幅。这不仅会影响个人健康，也会严重影响人际关系和积极自信的心理状态。所以，我们要保证每天刷牙洗脸，饭前便后洗手，定期洗澡洗头和修剪指甲，出门时也要注意服饰与外在形象的干净整洁，这样才能让自己有好的心情。

5. 保证适度的体育运动

没有每日坚持锻炼的生活习惯，就会让人变得越发懒散，对生活也会产生懈怠和消极的情绪。所以，不管平时多忙，都要抽出一些时间来进行体育运动，以此来调节身心，释放压力，补充能量。

俄罗斯总统普京始终保持着精力充沛的状态，他的秘诀就是热爱运动，并且能持之以恒。他热爱柔道、滑雪、冰球、游泳、骑马、赛车等项目，尤其在柔道方面，造诣极深。他认为，柔道是训练体能和智能的项目，有助于提高训练者的力量、耐力和反应速度，使训练者学会控制和完善自我，认清对手的长处和短处，以便取到最佳结果。

普京日常的工作非常繁忙，但他总要抽出一些时间来进行体育锻炼。他在俄罗斯民众中倡导健康的生活方式，希望体育锻炼能成为俄罗斯的社会时尚。普京说，健康生活方式关乎国家和民族的未来，"不可能借助药片来解决俄罗斯人的健康问题，应让人们崇尚健康的生活方式，积极投身到体育运动中来"。

想要有健康的身体和良好的精神状态，就得有好的生活习惯。我们要学会有规律有节制地生活，让好的心情每一天都伴随在我们的左右。

日本著名音乐人久石让说："作曲家如同马拉松选手一样，若要跑完长距离的赛程，就不能乱了步调。"我们每个人的生活，都应该保持有规律的步调。人体的各个系统每天周而复始有规律地工作着，我们的生活应该适应这一情况，做到按部就班，这样才能身体健康，才能让我们始终拥有积极的心态。

第七章
学会拒绝，别让不好意思拖垮你

生活中，经常会遇到这样的情况：同事让你帮着制作PPT；朋友来找你借钱；当你有资源时，亲戚朋友们来找你帮忙办件很困难的事……各种的请求都会遇到，有些事对你来说小菜一碟，但有一些却是你力所不能及之事。这时，要是你不会拒绝，就会造成对方脸面过不去的尴尬局面；要是你不懂得拒绝，就会让自己很累。

掌握拒绝的智慧，人生更加美好

日常生活中，我们不可避免地会遇到需要拒绝的人或事，面对别人提出的不合理、不合适的要求或者自己不愿意去做的事情，我们需要大声说"不"，不必忍受欺负，不必总是对别人言听计从。虽然，拒绝是必然的，但拒绝的方式却是需要考量的。直接的拒绝意味着对他人意愿或行为的一种否定，无形中会打击对方的自信心，甚至伤害对方的自尊心。那么，如何保全双方的面子，又巧妙地达到拒绝的目的呢？我们可以通过语言来向对方暗示"拒绝",这样既能达到巧妙拒绝的目的,又不至于让对方心里产生不快的情绪。某些时候,我们不得不说"不"。当然,拒绝并不是以伤害他人为目的,而是以和为贵,尽量在保全双方面子的前提之下进行。

一位男青年被女播音员优美动听的声音吸引,来信希望见一见播音员本人。对此,播音员回信说:"这位听众朋友,首先,我了解你的心情,感谢你的好意。你听过'知人知面不知心'这句格言吧,交朋友最难的是交心。那么,还是让我们做知心的朋友吧!"通过语言暗示拒绝,而且拒绝方式极其婉转。

萧伯纳很有才情,因此很受女士欢迎。有一天,他收到了女舞蹈家邓肯的一封信,信中邓肯写了对萧伯纳的爱慕之情,并委婉地写着:"若是我们结合在一起,我们的孩子将拥有和你一样的脑袋,和我一样的身材,那将是多么美妙的一件事情啊。"萧伯纳看完了信,立刻给邓肯回了一封,在信中,萧伯纳幽默而委婉地表达了自己的拒绝之情:"我觉得我们的孩子也许不会那么好命,若是他拥有了和我一样的身材,和你一样的脑袋,那岂不是很糟糕!"

邓肯看了萧伯纳的信后,明白萧伯纳拒绝了她。她很失望,但却一点也不恨萧伯纳,反而成为了他最忠实的读者兼好友。

　　拒绝的话一向都不好说，说得不好很容易扫对方的面子，或者让自己陷入尴尬境地。所以，我们在拒绝他人时，需要讲究策略，最关键的一点就是用含蓄委婉的语言来传达拒绝的心理。

　　在拒绝的时候，我们需要考虑到对方的面子，而幽默的拒绝恰好可以体现这一点。用幽默的方式来拒绝对方，让对方在毫无准备的大笑中"失望"。比如面对同事相约去钓鱼的要求，"妻管严"丈夫回答"其实我是个钓鱼迷，很想去的，可结婚以后，周末就经常被没收了"，同事哈哈大笑，也就不再勉强他了。

　　著名的意大利音乐家罗西尼生于 1792 年 2 月 29 日，这个日子很奇特，因为每四年才有一个闰年，也就是每四年才有 2 月 29 日这一天，而罗西尼也就每四年才能过一次生日。当他过第 18 个生日的时候，已经是 72 岁了。生日前一天，罗西尼的朋友们告诉他，他们一起凑了两万法郎，准备为他建一座纪念碑。罗西尼听了以后，大喊道："干吗浪费这个钱啊！你们把钱给我，我自己站在那里就行。"

罗西尼本来就不同意朋友们的做法，但他并没有正面拒绝，反而提出了一个不合理的要求，含蓄地指出朋友的做法太奢侈了。拒绝是需要讲究技巧的，尤其是语言上的诀窍。只有掌握了这些技巧，才能既不得罪人，又能让别人欣然接受。

1. 委婉暗示

有时候面对下属提出的建议，上司不忍拒绝，只好委婉地暗示"这个想法不错，只是目前条件还没有成熟，我觉得你应该把工作重心放在现阶段的主要工作上"。有时候，身边的同事或朋友可能会向你打听一些绝密的事情，但原则性要求你保密。你不妨采用诱导性暗示，诱导对方自我否定。比如，你可以对他说："你能保密吗？"对方肯定回答："能。"然后你再说："你能，我也能。"

2. 借助他人之口说出拒绝的话

如果自己不知道该如何拒绝，你可以借助他人之口说出拒绝的话。比如利用公司或者上司的名义进行拒绝，"前几天董事长刚宣布，不准任何顾客进仓库，我怎么能带你去呢"，或者说"这件事我做不了主，我把你的要求向领导反映一下，好吗"。

打个巴掌给个枣，说声拒绝给个"帽"

有时候，我们用"戴高帽"的方式，也可以达到巧妙拒绝对方的目的。通常情况下，一个人被拒绝之后，心里会产生落差，他会觉得言语或行为遭受了否定，甚至会有一种被遗弃的感觉。这时，他急需要一种愉悦的情绪来填补内心的落差，如果你在拒绝对方之时，再加上几句赞美的话语，那将是非常完美的。在这个世界上，每个人都渴望受到他人的赞同与肯定，即便自己的某些要求被否决了，但自己的另外一些方面受到了别人的赞美，那何尝不是遭受拒绝之后的一种补偿呢？生活中，虽然我们都知道拒绝是应该的行为，但我们害怕拒绝别人，也害怕被人拒绝。无论处于哪一方，都将遭受消极情绪的折磨。在这样的情况下，为什么不能将拒绝变换一种方式呢？就像本来一个平常无奇的三明治，突然中间加了许多美味的蔬菜，那该是多么大的惊喜啊！所以，在拒绝对方的时候，我们要善于采用抬高的方式。

早上，熬了一个通宵的王女士还没起床，就被一阵敲门声吵醒了。她很不耐烦地起床，胡乱穿了一件睡衣就开了门，只见门外站着一个十七八岁的女孩子，正犹豫着要不要继续敲门。王女士上下打量了对方一番，发现这个女孩子穿着随意的Ｔ恤和牛仔裤，手提一个袋子，袋子封面上有"某某化妆品"的字样，看这架势，应该是上门推销的。

王女士有些不耐烦："大清早的，怎么就上门推销东西了？"那女孩子态度很谦和："不好意思，姐姐，打扰你了，我是某某公司……""姐姐？"王女士看着邋遢的自己，好像还把自己看年轻了。那女孩子谦逊的态度，让王女士不好拒绝，但是她平时最讨厌这种上门推销的业务员。她一边听那女孩子推销产品，一边思考怎么拒绝她。

不一会儿，那女孩子就介绍完了产品，然后试探性问："姐姐，你平时用化妆品吗？"果然，马上就转到正题了，王女士摇摇头说："我白天晚上这样忙，哪里有时间去护肤呢？不过，说实在的，我可是很羡慕像你这样年纪的女孩子，皮肤好，身材好，那是我做梦都想回去的年纪，可惜已经回不去了。"女孩子害羞地红了脸，说道："其实，姐姐看起来也很年轻的。"王女士笑了笑，说道："像你这样的女孩子就是好，我女儿也和你这般年纪，正在上大学，青春真是好。如果我女儿在家就好了，估计她会对你的化妆品感兴趣，可是怎么办呢？现在我女儿不在家，像我这样的老太婆，已经用不着了，下次我女儿回来了，一定欢迎你上门推销，好吗？"没想到这样一说，那女孩子一点也不泄气，反而很有礼貌地说："不好意思，姐姐，打扰你了，再见！"说完，就告辞了。

在案例中，王女士本想拒绝上门推销化妆品的女孩子，但看着对方谦和的态度，又不忍心拒绝。怎样拒绝才不至于让对方难以接受呢？她打量了那个女孩子以后，发现对方跟自己女儿差不多，于是，她先是赞赏了对方值得羡慕的年纪，这样"戴高帽"立即给对方带来了好心情，然后再适时拒绝，这样的方式也就令对方很容易的接受了。

1. 让对方产生优越的感觉

"戴高帽"其实就是赞美，或者说夸赞，将别人的地位无形之中抬高，让他产生一种优越的感觉。因此，能有效地弥补其遭受拒绝之后的心理落差。

2. 人其实是容易满足的

人总是这样，当他重新拾回了一个苹果，即便他已经丢失了一个橘子，但他内心还是非常愉悦。他们总是着眼于眼前的东西，对于那些丢失的或者得不到的，他们总是容易满足的。因此，当我们不得不对他人所提出的要求进行拒绝的时候，若适时说几句好话，定会给对方意想不到的惊喜。

拒绝的那个词，为何总那么不容易说出口

为什么我们不好意思拒绝别人？倘若将这个问题抛给"不愿说'不'"的群体，相信我们听到出现频率最高的答案一定是：

因为我害怕伤害了别人！

案例 1：

我有一个朋友，叫王蒙，今年 28 岁。他和我同一个学校

毕业，在北京一家外资企业里任职。很多人都觉得，王蒙的生活很顺畅，从一个小城市出来，在北京站稳脚跟，还有一个漂亮的女朋友。因此，王蒙是很多朋友的榜样。不过，王蒙却并不这么看。有一次，他和我吃饭时透露："我其实经常感觉自己特别窝囊。和咱同学或和很多朋友有时候有分歧，还没说两句，我就蔫了，不再说话。你别看我文质彬彬，其实我的心里一点也不好过！和女朋友也是一样，每次都是我让着她。我越是客气，其实就越是痛苦，但是我没法发泄！"

我很惊讶，问他为何不进行争论，拒绝他们？王蒙懊恼地说："因为我害怕伤害他们，害怕伤害到我们的友谊。你说，即便我据理力争，到头来是我对了，可是又能怎么样呢？背地里，他们会不会觉得我太过咄咄逼人？"

案例 2：

我还有一个朋友，名叫张强。这个年轻人也因为一件事而无比纠结。有一次，他在酒后和我们一群朋友说："我现在根本不愿意回家，因为我女朋友天天逼婚。我觉得，自己还在上升期，想等工作真正稳定下来，再好好举办婚礼。可是，唉，她天天缠着我，问我是不是可以结婚了，我看着她的样子，根本就不敢说再等两年。你们根本不知道我这种痛苦！"

　　其中一个朋友无奈地说："可是，你也没必要为完全不伤害对方情感，就这么委屈自己啊。还是有办法解决的……"

　　张强打断了他："根本没有，我根本不知道该怎么办！我现在天天在外面喝酒，就是为了喝个烂醉，回家就可以直接睡觉。"

　　现实中，如王蒙和张强这样的人，不在少数。这些人有一个明显的特点，那就是：不做出拒绝的决定，不是出于理性的分析，而是出于害怕，害怕伤害别人。

　　所以，为了保证他人不受伤害，他们就呈现出一种似乎什么都可以接受的姿态。潜意识里，他们会幻想这样的画画：一旦说出了"不"，那么对方一定会变得暴怒不已。正因为如此，他们只好委曲求全，选择了答应，选择将痛苦留给自己承受。

　　生活于世，谁没有受过一点委屈？但如王蒙和张强这样，长期压抑自己的情绪，甚至带着胆战心惊的心态去生活，那么会导致怎样的问题？轻则变得毫无自主能力，无论做什么事情，都要依赖他人；重则产生严重的心理问题，出现抑郁、狂躁等精神类疾病。到头来，伤害的只有自己。

　　相信没有人愿意走上这样的一条路。那么，我们究竟为什么会变得如此？一方面，这是从小的习惯造成的——小时候，因为很多事情都是由父母做主，所以我们习惯了听取别人的意见。如果这种情况没有在青春期阶段得到纠正，那么走进成年期后，这就会发展成为一种心理障碍，从而呈现出一种懦弱的性格。

是的，你总是担心拒绝会伤害别人，这正是一种懦弱的体现，一种心理不成熟的体现。

另一方面，这是因为自己根本不懂得如何正确地拒绝。试想，你一开口，就是"不对，你说的都是错的！""不可以，你这么做就是自找苦吃！"这样的回答，怎么可能不伤害对方呢？

所以，想要改变自己不敢说"不"的情形，一方面，要从习惯入手；另一方面，要从拒绝的方式入手。

1. 尝试着换一种说法去拒绝

很多时候，我们可以用一种较为缓和的语气进行拒绝，这样对方就能感受到被尊重。例如，当想要否定朋友的某个看法时，不妨这样说："的确，你说的是有道理。可是这中间有一个小细节，是咱们都忽略的……"这样一来，你不仅回绝了对方，还用"咱们"这样的字眼儿将彼此联系在一起，这就会让对方感受不到你的敌意。这时候，你再去阐述自己的一些观点和道理，对方就会很容易接受。

同样，对于婚姻，倘若案例中的张强可以这么说，也许会取得很好的效果："亲爱的，我很理解你的心理。但是，现在我们都还在初级、上升阶段，并没有完全稳定下来，这个时候如果大办婚事，必然开销不小，这不是咱们可以承受的。当然，我是不会辜负你的。要不然我们先领证，暂时先不大办婚礼，等以后好一点了再给你风风光光地补上。亲爱的，你看怎么样？这样，我就永远属于你了！"

这样的语言，既透出了一丝甜蜜，又说明了现实情况，还能够拒绝另一半地逼婚。

2. 明白"对方生气不全是你的错"的道理

我们要明白一个道理：有时候即便你的拒绝很合理，对方依旧生气，但这并不是我们的错。面对这样的情形，我们不要产生内疚之情，因为有的人就是如此蛮不讲理，例如一些带有"公主病"的女孩，或是那些从小被娇生惯养的男孩子。面对这种人，拒绝虽然让他感到受伤害，但这是他自己造成的，并不是我们的错。

对于他们，即便拒绝让其不高兴，我们也应该毫不犹豫。相信如果有一天，他们长大和成熟时，再回想曾经做过的种种举动，对你的怨言就会烟消云散。

实在拒绝不掉，学会巧用"拖"字诀

生活中，有时候明知道我们所拒绝的对象是死缠烂打的人，但却无可奈何，此时我们只能以时间拖延法来拒绝，而不宜采用激烈的直接拒绝法。虽然，我们内心对这样的人深恶痛绝，恨不得与之划清界限，远远避开。但是，对于那些死缠烂打的人，一味地躲避并不是明智之举，与其发生激烈的争执，那更是下下之策。本来，他们的心胸就比较狭窄，他们的心思更是猜不透，如果你直接拒绝，或者以不屑的态度拒绝其要求。估计在那一刻，他已经将你划分为敌人，并将你列为自己的报复对象。假如他们是小人，那就更可怕了。众所周知，小人的手段是变化多端的，他们不仅懂得隐藏自己，而且善于使手段、耍心眼。纵观历史，诸如魏忠贤一类的小人，那都曾有过名利双收的风光。试想，如果你曾拒绝过的小人，有朝一日爬到了你的头上，那你将成为第一个被他打击的对象。所以，对于那些死缠烂打的小人，我们不能直接拒绝，更不能与之产生矛盾，而是要采取拖延法。

李磊做生意赚了点钱，有一天小陈来找李磊借钱，说是家里有急用，希望李磊能借他十几万元周转一下。李磊很了解小陈，知道他沉迷赌博，赌输了就四处借钱，借得周围朋友看到他都躲，而且小陈借钱从来没有还过，别人不借他就四处说别人的坏话，是一个十足的小人。因此，李磊听小陈说完后，笑着对小陈说："咱认识这么多年了，按说你来借钱，我应该义不容辞。但你也知道，最近我刚把所有的钱买了两个营业房，房子还在建设当中，还没有盖好，钱也取不出来。要不等过一两年，房子盖好，资金流转开了，兄弟到时候还有所求，我一定义不容辞。"

小陈看到李磊这么说，也没有办法，只好道谢离开。

李磊知道小陈借钱是不会还的，但如果不借会让小陈对自己怀恨在心。因此，李磊采用了"延时"的拖延方式，先答应下来，但是把时间无限期地延后。

这就是拖延法的妙用。当然，根据场合、受众的不同，拖延法拒绝还可以分为直接拖延法与间接拖延法，巧妙使用，我们就可以在不伤害对方的前提下，用一种暗示的方法将"不"说出来。

1. 直接拖延法

通常来说，直接拖延法是我们最常见、使用频率最高的方法。直接拖延首先是"择日"拖延，尤其是女孩子在拒绝男孩的邀约时，大多会使用这一招。

温柔可人的丽娜，是很多男孩子追求的对象。她的邻居大刚，便是众多追求者之一。

这天，大刚买了两张电影票，想要邀请丽娜一起去看电影。还没有准备开始谈恋爱的丽娜，既不愿意去看电影，但又不想伤害这个认识了很多年的老邻居，于是就说："大刚，真不好意思，我明天已经有了安排，实在不方便。这样吧，等我哪一天真的有空了，我再告诉你。"

这种拒绝方式，就是典型的"择日"拖延法。因为我们并没有明确到底哪一天真的有时间，所以就存在很大的不确定性，无形之中这就等于告诉对方：我不愿意去。这样一来，聪明的人就会立刻明白其中的用意，于是选择放弃。

与"择日"拖延相似的，是"延时"拖延法。延时拖延就是把时间无限期地往后拖，从而达到拒绝的目的。

2. 间接拖延法

直接拖延法虽好，但它也不可以应用到所有场合。直接拖延法有一个明显的特点，那就是：如果你在彼此的关系中占据高位，例如丽娜之于追求者，那么使用起来无妨；如果你属于较低地位，直接拖延法就会让对方觉得是在敷衍自己，反而起不到很好的效果。

所以，如果我们身处低位，那么就不妨采用间接拖延法。简而言之，就是"含糊其词"。间接拖延法讲究的就是用一种不确定的语言来搪塞，达到拒绝的目的，并且，对方还抓不到你的把柄，只能同意你的拒绝。

小霞是一个医院的小护士，经常要照顾一些患病严重的病人。这些病人都有一个习惯，就是不断咨询自己是否还有康复的可能，再住院是否还有必要。小霞总是这样回答："您放心吧，虽然您的病的确有些严重，不过昨晚我还听见医生说，只要您能够配合治疗，慢慢地您肯定能好起来。"

　　小霞没有直接否定对方，用诸如"您当然不能出院！"这样的语言来告知对方。因为她知道，病人都比较敏感，过于直接的否定，有时会让病人产生强烈的情绪波动，所以，她就用这样一种间接拖延的方式，"听见医生说""慢慢地您肯定能好起来"这种含糊其词的表述，拒绝了病人不想再继续治疗、或是提前出院的要求。

　　所以，间接拖延法很适合在服务行业工作的人拒绝时采用。当然，在一些公开场合，如大型社交场合，这种方法也能够起到很好的效果。例如，在宴会上有人向你提问，这时候你可以说："有可能是这样，不过这会儿大家都在呢，咱们先喝一杯，晚一点再谈！"表面上看，你这是在抵御对方的询问，但因为语言较为生动活泼，所以对方就无法再纠缠自己，你在无形中也就拒绝了对方的进一步提问。

　　不论是直接拖延法还是间接拖延法，我们都应当学会灵活应用，根据场合与对方的身份做出不同的选择。相信，当我们掌握了这样的方法，就再也不必担心因为拒绝而伤害对方了。

遇到借钱，这样的拒绝最不伤和气

生活中，相信大多数朋友都遇到过朋友开口找你借钱的事。如果是关系不错，或者信誉很好的朋友，你若是手头比较宽裕，借钱当然没有问题。俗话说："好借好还，再借不难。"但是，通常好借不一定就会好还。最后当你不断催促对方还钱时，不仅损失了金钱，最后两人还会因此失去友谊。那时，相信很多朋友会后悔，当初要是没借钱给他就好了。虽然大多数人有这样的经历，但当朋友开口借钱时，很多人却不知道如何巧妙地拒绝才能避免借钱，同时又不丧失两人的友情。

　　朋友借钱的时候，直接将拒绝说出口似乎是很多人都难以做到的事情。因为感情因素，或因为个性关系，或因为情势所迫，没有委婉地把"不"说出来，善良的人常常会违背自己的意愿而借出自己辛苦积攒的钱财。

　　好朋友借钱一定也是有了难处，如果此人信誉一向较好，又是真的遇上了暂时的财政窘境，俗话说"救急不救穷"，不妨适当地借给他一些。但是如果对方信誉不好或者借钱的目的含糊其词，就要学会委婉地拒绝对方。

　　前不久，宋子霖升职了，收入大大提高，于是向她借钱的人也多了起来。一些小数目的钱她也很爽快，因为她一直就是个大手大脚的人，但是一些朋友想做生意或者结婚买房向她借钱，一开口就是几万，这让她非常为难。虽然几万块还是能拿得出，但是毕竟不是个小数目，不借给朋友，面子上又过不去。

　　一次，宋子霖的一个朋友因为一些原因向她借钱，她就说："因为有买房子的打算，我的钱都存了定期存款，手头余钱不多。这样吧，我先看看我有多少，先借给你一些你应应急，要不我再问问我妈有没有余钱吧。"

　　朋友说："那哪好意思让你动你妈的钱啊！我再问问别人吧！"

　　宋子霖就这样巧妙地拒绝了朋友借钱的要求。

　　不想借给对方，又担心不能直言，不妨用委婉的招数。当我们用委婉的语言拒绝对方，显得很婉转、含蓄，更容易被朋友所接受。比如，你可以说："你怎么不早点说？我手里的余钱上个月刚给父母更换了冰箱、彩电。我真的想借你，可是我真的无能为力。"或者："哎哟，提起借钱的事，我这还欠着别人一笔钱没还呢。"再比如，你可以说："我婆婆生病了，需要用钱。"或者："我弟弟上大学，刚给他交了学费和生活费。"

　　陈书嘉夫妻俩前些年双双失业，就向银行贷款做起了小买卖。两人披星戴月，苦干了两年，终于把贷款还清了，生意做得越来越好，收入颇为可观。陈书嘉有个中学同学叫宋志远，是个游手好闲的人，经常把钱扔在赌场或者新认识的女友上。前不久，宋志远新认识不久的女友偷偷卷着他的一大半钱财走了，他去赌场发泄郁闷又输了不少钱，就把眼睛瞄上了中学同学陈书嘉。

　　一日，宋志远找到陈书嘉说："我最近想开个小吃店，手头还缺七八千块钱，想在你这儿借点周转，过段时间就还。"陈书嘉了解这个同学的嗜好，知道他说的并不是实情，借给他钱，无疑是肉包子打狗。陈书嘉敷衍着说："好！再过一段时间，等我有钱把银行到期的贷款还了，就借给你。银行的钱我可不敢拖，越拖越多啊。"宋志远听陈书嘉这么说，没有办法，也就答应着离开了。

有的时候可以用一些借口推脱朋友借钱的要求，或者跟朋友说以后借给他，知趣的朋友也就明白你的意思了。比如这样说："哎呀，你说你早开口，我就能帮上你了。这不，昨天我邻居家里老人生了病，急需用钱，就借给他应急了，现在手头没剩下多少了。这么着吧，等他把钱还我，我马上借给你。"

朋友既然来借钱，也一定会做好被拒绝的准备。有的时候，得罪对方的原因并不是你的拒绝，而是你采取的拒绝方式。拒绝的方式得当，既不会伤和气，也能达到目的。人们多学几招，必定能从尴尬和为难中抽身而出。那么，怎样的拒绝方式比较妥当呢？

1. 有时找借口推脱不如直接了当说

比如说"我的钱都被父母管着"只能让对方认为你摆明了不想借给他钱。所以，如果为怎样拒绝感到犯难的时候，不如直截了当，把你实际的难处说出来，让对方知道你拒绝他的原因是什么，他一定会因此理解你的。

2. 善于幽默拒绝

对于幽默的人，可以用一句玩笑话表明自己经济上的不宽裕，比如"你看我的脸干净吧？我的兜里比脸还干净呢"或者"我还想向你借钱呢，现在看来也实现不了了呀"。

第八章
心胸有多大，事业就能有多大

莎士比亚的《威尼斯商人》中有这样一段话："宽容就像天上的细雨滋润着大地，它赐福于宽容的人，也赐福于被宽容的人。"宽容是豁达的心胸，是友善的美德，是生活的艺术，是最为闪耀的人格魅力。多一分理解和宽容，我们的生活就会多一分珍贵与美好。

被仇恨遮住双眼，生活永远看不到希望

　　无论对方有多坏，犯的错误有多严重，我们都要试着去宽恕别人的错误，学着放下对他的仇恨，这样才能实现自我的救赎。墨菲定律告诉我们：若是不放下仇恨，一直将它深埋在内心，它就会一直茁壮成长，直至造成不可预想的后果。而解决的唯一方法，就是放下仇恨。那一刻，就是我们的心灵重获自由的时候。没有了仇恨的包袱，我们便能微笑着面对生活。

　　在一场婚礼宴席上，许多到访的客人出现身体不适。经调查，原来是有人在饭菜里下毒。警察很快锁定了嫌犯，并将他抓捕归案。原来，嫌犯以前和新郎同住在一个村子里，因为盖房的事发生了纠纷，两家人打得不可开交，嫌犯的母亲还因此一病不起。从那之后，两家人便成了不共戴天的仇敌。虽然新郎一家后来搬到了城里居住，可嫌犯却一直在暗地里观察着他们的一举一动。直到六年后，新郎结婚的当天，他决定实施自己的报复计划。

　　虽然中毒的人均得到了及时救治，但这个复仇的念头竟能在心里埋藏六年甚至更长时间，让人感到恐怖和无奈。

　　仇恨是一切罪恶的源头，是一颗邪恶的种子，埋在心中必然会喷射出致命的毒液。它在报复别人的同时，也会伤害到我们自己。仇恨会让人变得愤懑、冲动、狭隘和丑陋，会让人错失大好时光而活在深不见底的黑暗里。我们需要的是平和安详、洒满阳光的生活，所以我们需要强迫自己放下仇恨。

　　瑞森曾经有一个幸福的家庭。在他10岁那年，一个女人因为吸毒过量导致神志不清，将正走在回家路上的瑞森父母杀害了。这个女人被抓进了监狱，留下了一个刚满一岁的儿子。

后来，瑞森被送进儿童救助站。在很多人帮助下，他大学毕业，并成了一名优秀的医生。

有一次，一个问题少年因为持械斗殴受了重伤，命悬一线。瑞森立刻对他进行了手术。在翻看病人资料时，他发现这个少年原来是杀害自己父母的那个女人的儿子。

事情并没有影响到瑞森对少年的救治。在少年痊愈以后，瑞森还拿出一部分积蓄去资助他，并定期去探望他。

很多人对瑞森的行为表示不解，但他却说："在父母出事之后的很长一段时间里，我的确恨过那个女人，每天睡不着觉，总在想着如何去找她报仇。这样的心态让我一直生活在绝望里。直到有一天我突然意识到，生活里有太多事比恨一个人更值得去做。在很多人的帮助下，我才拥有了今天的生活，所以现在的我也愿意去帮助更多的人，哪怕是'仇人'的儿子。"

仇恨对我们每一个人来说，都是一个沉重的负担。一个人不肯放弃自己心中的仇恨，不能原谅别人，归根到底还是在仇恨自己、跟自己过不去。所以，放下仇恨就是放过自己。如果仇恨是一杯毒酒，宽恕就是一副解毒的良药；如果仇恨是困住心灵的枷锁，包容就是打开心锁的钥匙；如果仇恨让我们的生活变得枯竭，那么友善和微笑就是滋润我们心田的细雨。

　　1993 年，曼德拉领导的政党与当时的白人政府谈判达成和解协议。可在协议通过后不久，一位黑人领袖哈尼被一名白人极端分子刺杀。顿时，全南非的黑人都愤怒了。他们举行了大规模的游行示威，要求清算白人对黑人所犯下的罪行。

　　在内战一触即发的紧急时刻，曼德拉四处游走，劝说黑人保持冷静和克制。他说："虽然暗杀哈尼的是白人，但记下凶手车牌号并报警的，也是白人。要说仇恨，你们任何一个人都不会比我更深，但我们应当明白，压迫者和被压迫者一样，必须获得解放。夺走别人自由的人是仇恨的囚徒，他被偏见和短视的铁栏囚禁着。"

　　与此同时，他还安抚白人，向他们保证不会找他们复仇，不会有压迫，法律秩序也不会被罔顾和颠倒。

　　在他的努力下，一场危机被化解了，南非获得了持久的和平与稳定。

　　放下仇恨，才能与他人和睦相处，才能收获他人的尊重和友情，才能赢得他人的支持与帮助。一个人在遭受了沉重的伤害之后，依然能不乱分寸，放下仇恨，以冷静克制的态度去积极地寻求化解矛盾的方法，这样的人必将会有一番了不起的成就。

1. 别把别人的过错永远记在心里

美国著名民权运动领袖马丁·路德·金说："仇恨使生命瘫痪，只有爱能治愈；仇恨使生命混乱激荡，只有爱能再次奏出和谐的生命乐章；仇恨使生命陷入无尽的黑暗，只有爱能重新点亮生命之光。"用宽恕和爱来让我们忘记仇恨，这是对自己的一种解脱。只有放下，才能以更好的姿态继续向前生活。如果把别人的过错永远记在心里，心灵就会被仇恨所占据，最终受害的还是我们自己。

2. 放下仇恨，才能重获快乐

放下仇恨，我们就不会被不堪回首的往事所困扰，我们才能活得心胸坦荡，才能重获快乐。放下仇恨比想方设法地报复更难、更需要勇气。当一个人不再对过往的仇恨耿耿于怀时，他的人生才有可能变得完美和圆满。

不计前嫌，让人生过得从容一些

电影《中国合伙人》有一段情节让人印象深刻：成东青、孟晓骏、王阳三个好兄弟一起创业，但后来因为处事方式和价值观不同，三个人在大吵一架后分道扬镳了。再后来"新梦想"学校惹上了官司，在成东青孤立无援最危急的时刻，另外两个好兄弟回到了他身边，并愿意和他一起共渡难关。

不计前嫌的故事不仅发生在电影里，在我们的生活中同样比比皆是：春秋时期，齐桓公重用曾经暗杀过自己的管仲，这是一种不计前嫌；功成名就以后的梅兰芳能够主动照顾曾经把他轰出师门的恩师，这是一种不计前嫌；一个好心的女孩被摔倒的老人诬陷，真相大白后反而向住院的老人捐了一千多元，这同样是一种不计前嫌。

不计前嫌不仅仅是宽恕和谅解，很多时候它还意味着冰释前嫌，甚至是以德报怨。在生活中，忘掉一个人的过错其实并不难，难的是仍能以一颗慈悲的善心去面对那些伤害过我们的人。

朱莉亚如今已年过六旬。她曾经嫁给过一名伐木工人。婚后的生活不算幸福，丈夫贪杯酗酒以及酒后打人的坏习惯，始终困扰着她，但为了家庭的完整，她都忍了下来。

后来，她丈夫丢了工作。朱莉亚做小生意赚来的钱成为家里唯一的经济来源。每天的生意都是她自己打理，丈夫从来不管不问，仍然每天喝得烂醉如泥。有一年圣诞节，丈夫在酒醉后打伤了她的头。这让她彻底绝望了，终于下定决心选择离婚。

离婚三年后，有一次，她从别人那里得知前夫突然失踪了。原来，他在酒后突发脑出血，晕倒在路上。朱莉亚来到医院，找到神志不清的前夫，并拿出自己的积蓄给他治病，后来还把他接回家中。

虽然付出了很多辛劳，朱莉亚却释然了许多。她说："我和他曾是夫妻，他虽然做过伤害我的事，可我们毕竟一起走过那么多岁月。他如今遇到了困难，我不能坐视不理。我要是不管，他就彻底完了。"

在她的照顾下，前夫的身体在一天天好转。前夫也对自己曾经犯下的错感到深深的内疚。

面对一个和自己已经毫无瓜葛的病倒的男人，朱莉亚完全可以置之不理，特别是这个男人还曾经深深伤害过她。但是，良心却让她不计前嫌，把那些不愉快的往事暂时搁置一边，全心全意地照顾这个曾经可恶、现在可怜的男人。尽管他们最终没有复婚，但是一个悲剧能以这样的结局收场也算是一种圆满。这不仅体现了朱莉亚的大度，更体现出人性中的真善美。

我们不要总念念不忘于别人的"不好"，而是应该更多地想到别人的"好"。这不仅能使我们的生活变得和谐，对我们事业的发展同样非常重要。

尼万斯离开苹果公司已经有十年的时间了。当初他选择离开时，乔布斯和人力资源部部长盖勒对他苦苦挽留，但都没有成功。

十年后，尼万斯感觉到自己当初离开苹果公司实在是一个错误，希望能到公司继续工作。但是，他的复职申请被盖勒拒绝了。

不久后，乔布斯在研发一个项目时突然想到，尼万斯的专长恰好适合于这个项目，如果有他的参与一定能攻克当前技术上的难关。但盖勒仍然坚持：一个人必须为自己的背叛付出代价，这是他应有的下场，他没有资格再回来。

于是，乔布斯劝解道："每位员工都是公司的无价之宝，一旦被竞争对手挖走，损失将不可估量。他重返公司，不仅会让团队增加一位顶尖的人才，还能削弱竞争对手的力量，何乐而不为呢？"

后来，尼万斯终于如愿以偿，回到了苹果公司，而且比以前工作更卖力。在那之后，鼓励离职的老员工重返公司，成为苹果公司一项极具特色的人事制度。正如现任苹果 CEO 库克说的那样："简单地以道德的眼光去审视员工的跳槽行为，将跳槽者列入黑名单，对于员工和公司而言都没什么好处。而宽容他们，给他们返岗的机会，也就是给苹果公司机会。"

当然，不计前嫌并非是没有底线地妥协，而是要我们搁置不愉快的经历，以宽广的胸怀去包容往日的恩怨。不睚眦必报，不落井下石，甚至还要学会以德报怨，即使我们的好心不能得到善果，但至少也对得起自己的良心。

吴承恩在《西游记》中写过一句话："遇方便时行方便，得饶人处且饶人。"不计前嫌是成大事者的心态，人世间任何一种旧恶都有重新来过的机会。很多时候，别人也未必是真的错，可能只是彼此之间的价值观存在差异罢了；即便对方真的错了，只要有诚心悔改之意，我们也没有不去饶恕的理由。那么，我们如何做到宽恕和原谅呢？

1. 放下心中的怨恨

当人的心灵遭受创伤之后，自然会对伤害他的人产生怨恨情绪。一个离婚女人希望抛弃她的前夫生活处处倒霉；一位男子希望出卖他的朋友被解雇……怨恨就像一个不断长大的肿瘤，它使我们忘却欢笑，记住仇恨。其实，怨恨更多地是伤害自己，它使自己拒绝其他美好的事物。

我们必须承认已经发生的一切事情，可以直接告诉他说："你伤害了我。"然后，把这一切不快都扔到身后，不再让它继续伤害自己。

2. 区分错事与做错事的人

错误和犯错原本不同，但人们常常把两者混为一谈。错误的事情，是说一个人做错了一件事情，但并不等于这个人就是个错误。要区分清楚这一点，首先学会重新评价这个人，对他的优点、缺点，做错事的环境都进行评估。

3. 让过去的事情就此过去

原谅他人并非是一种软弱的表现，恰恰相反，这是坚强的象征。俗话说，冤冤相报何时了。这种报复的行为不仅抚平不了内心的伤痛，更容易使双方都陷入痛苦之中。只有学会原谅他人，不用他人的错误惩罚自己，才能让事情过去，迎接新的美好生活。

内心强大的人，最懂宽容与谦让

宽容和谦让是内心强大的一个标志，也是一个人强大的体现。色厉内荏与内心强大是两个不同的概念，一种是外在的表现，而另一种是内在的辐射，是一种不言而喻的气场。宽容和谦让会改变他人，影响他人，感化他人。

内心强大的人懂得，与人相处最重要的是宽容。因为懂得宽容和谦让更容易解决争端，使人与人之间能够和谐沟通。反之，不懂得宽容和谦让的人，在人与人相处时拒人于千里之外，给人营造出一种高傲和清高的态度，容易让自己陷入孤立和被动之中。

在交际中，宽容和谦让能让他人体会到真诚。试想一下，一个人整日为自己遇到的挫折而懊恼，为他人侵占了自己的利益而耿耿于怀，长久下去会导致怎样的结果？

在社交场合中，宽容和谦让的人更容易得到人们的亲近和欣赏。他们能够原谅别人有意或无意的过错，他们会轻而易举地化解矛盾。

已经76岁的苏珊，万万没有想到，自己独活40年后，还能尽享天伦之乐。苏珊在不到30岁的时候，丈夫就去世了。好在他们有个名叫约翰的儿子，让苏珊的日子不至于感到太过孤单。

但是，不幸并没有终止。约翰在17岁那年被一群游荡社会的坏孩子砍伤，最终因抢救无效而亡。这种丧子之痛令苏珊无法承受，她几乎连眼泪都哭干了。每当她在街头看到那些不学无术的小混混时，她的心就充满了愤怒。

就这样，苏珊痛苦地生活了几年。后来，在一次"拯救灵魂"的公益活动中，她碰到了一位已经十分年迈的牧师。当牧师听说了苏珊的遭遇之后，便颤颤巍巍地对她说道："你的痛苦我可以理解，然而你知道吗？怨恨根本不能改变任何事情。其实，这些混社会的孩子也非常地不容易，因为没有父母的关爱，才让这些孩子误入歧途。社会也总是用异样的眼光去看待他们，所以他们多数人都不懂得到底什么是爱，因而更没有办法去爱别人。或许，我们都应该试着去爱他们。"

仍被丧子之痛包围着的苏珊愤愤地向牧师反问道："爱他们？可能吗？他们夺走了我的约翰！"

"那已经是一个过去很久的意外了，放下这些怨恨吧！你应该试着走出来。假如你愿意用一颗宽容的心去原谅他们，他们都会成为你的约翰。"牧师开导道。

后来，经过老牧师的一再劝解，苏珊尝试着加入了"拯救灵魂"这个组织。她每个月抽出两天时间去一家少年犯罪中心，试着接近那些曾经犯过错误的孩子。

开始，苏珊还是摆脱不了丧子的阴影，可随着时间地推移，她渐渐改变了看法。她发现，这些所谓的混混并没有那么坏，他们也渴望关爱，渴望别人能关心自己。

苏珊在接下来的日子里，像组织里的其他成员一样，认领了其中的两个孩子，她经常带着食物看望他们，并且和他们交流。等到两个孩子刑满出狱之后，她又认领了新的孩子……她先后认领了 30 个孩子。在苏珊精心的照顾和呵护下，他们真的把苏珊当成了自己的母亲。即使刑满出狱后，他们也没停止和苏珊联系。他们就像苏珊的亲生子女一样，经常去看望苏珊，陪她聊天、看电视，帮她做家务，给她送这样那样的礼物……现在，苏珊早就走出了悲伤的阴影，她总是欣慰地说："我从没有像现在这样幸福过。"

生活在这个世界上，我们各自走路的时候难免会有碰撞，哪怕是最和善的人也可能会伤别人的心。

宽容听起来很容易，但要付诸实践就没那么简单了。我们都持有这样的观点：我们应该为我们所犯的错误去买单，因为这样才公平。否则，还有什么公平可言？要是我们不选择去宽恕的话，会发生什么情况？像痛苦、报复，等等，造成这样的结果值不值得，这才是一个最值得我们关心的问题。

有一个年轻人和他的好朋友合伙开了一家公司，然而，在创业阶段，他的那个朋友竟然背着他挪用公司的周转资金。

因为缺乏资金周转，他们的公司被迫停业，在停业期间他们的损失很大。尽管后来，他的那个朋友为此感到无限懊悔，并多次恳求他，希望能得到他的宽恕。因为，他的那个朋友万万没有想到会出现这种亏损的局面。

　　但是，他已经对这个朋友失去了信任，并且十分憎恨此人。他经常这样想：如果朋友没有挪用公司的资金，最起码公司不用赔得像现在这么惨。可是，这已经成为了既定的事实。迫于还债，他只能变卖自己的房产。他的生活因此变得拮据。

　　每当他和朋友聚会的时候，他就会当着所有朋友的面大骂那个朋友一番。有时候喝醉了，他甚至产生过想杀掉那个朋友的念头。

　　为此，他每天都很痛苦。他经常在夜里做噩梦：梦见他把那个朋友推下万丈深渊。惊醒后，他往往汗流浃背。他因此被郁闷和失眠困扰着，始终都没能从那个朋友背叛的阴影中走出来。

　　一个宽容的人内心必然强大。他们懂得在与人相处时为他人着想，懂得站在别人的角度思考问题。懂得谦让的人，不会为一己私利斤斤计较。在面对利益纷争时，他们首先会选择谦让，而不是奋力夺取。

1. 宽容是一种美德，是一种博大的心态

　　宽容能够包容人世间所有喜怒哀乐，也能够容下生活中所有不和谐的音符。能够做到宽容别人，也会为自己迎来更多的欣赏和尊重。

2. 宽容对别人是一种慈悲，对自己也是一种恩泽

世间没有绝对的好坏对错，很多人的过失往往也都是无心之举。一个人需要有清浊并容的雅量，要学会以宽容的心理解他人、原谅他人。只有这样，我们的心情才能更加舒畅，我们的人生才会更加幸福。

职场中产生冲突，也应以和为贵

　　每个人的价值观都不相同，尤其是在工作中，如果因为一点小事就跟同事发生不必要的冲突，从而影响工作，那就得不偿失了。这是因为，冲突过后一切都会恢复平静，工作仍旧要持续，可是你和同事却因冲突产生了隔阂，从而对工作造成了一定的影响。

　　办公室是公共场合，如果你在此大吵大闹，既有损自己的形象，也违背了职员的基本礼仪。所以，对一个职场新人来说，发生冲突后尽快去化解非常重要，否则可能会生出事端。

今天早上一上班，小椿就气冲冲地走到老杜面前，把手里的礼盒往办公桌上一扔，质问说："你什么意思啊，诚心的吧？"

上周，小椿和老杜因为工作的事闹了点别扭。前两天朋友送给老杜一套名牌床上用品，他听说昨天是小椿婆婆的生日，想着同事嘛，低头不见抬头见，还是和气点儿好，就拿过来借花献佛。

小椿特别高兴，还在老杜面前自我检讨了一番，俩人冰释前嫌。可没想到，这才过了一个晚上，小椿就翻脸了。原来，昨天晚上回家，小椿当着婆婆及全家人的面打开包装，礼盒里面有一张附加纸，上面赫然写着四个大字：赠品勿卖！

"这几个字你不会不认识吧？昨天我把它送给婆婆当生日礼物，结果在全家人面前丢尽了脸，现在你高兴了吧！"小椿生气地说。

"这，这我也没想到啊。再说了，这可是名牌，很贵啊，这赠品——赠品说明它不是假货啊。"老杜有些尴尬。他之前没打开包装，没想到会发生这种事。可小椿更生气了，她翻出旧账，说老杜欺负她，对上周的事耿耿于怀。结果两人你一言我一语的就吵起来了。同事劝都劝不住，最后还惊动了李总监。

　　李总监了解事情经过后，说："就这么点小事，你们犯得着吵架吗？"老杜率先表态，说以后不会了，不会影响内部团结。可小椿余怒未消，阴阳怪气地讽刺老杜："你不给我使绊子，我就谢天谢地了。"

　　李总监当即板起脸来，生气地说："这是公司，不是电视剧！小椿，你这是什么态度，以后要向老杜学习。"等平静下来，小椿才发觉自己失言了。她担心李总监认为她是个爱搞小动作的人，后悔不已。

　　职场中，我们难免会与同事产生摩擦，但是切记要理性处理问题，不要盛气凌人，非要争个你死我活。

　　既使你有理，但同事也会因为你的咄咄逼人对你敬而远之。而与你争吵的同事，也许会对你怀恨在心，这岂不是得不偿失？

　　所以，当我们与同事产生矛盾时，应该心平气和地好好商量，绝对不可以去争个你死我活。要知道，无论什么事情，每个人都有他的想法，站在他的立场上，他也是对的。

　　因为大多数人在争吵时无法做到将心比心，所以最后往往会不欢而散。相反，假如你能做到善解人意，凡事都站在对方的立场上去考虑，那么很多冲突其实完全可以避免。

天际公司新开发了一种产品，可对产品销售是倾向于都市还是乡村，大家在会议上产生了很大的分歧。

看到大家争论不休，公司经理宣布暂停会议。

再次开会时，本来主张倾向于乡村销售的主管说："我从小生活在都市里，对乡村不太了解，但我觉得在乡村生活的人应该会喜欢这款产品。不知道大家对此怎么看？如果大家觉得我的想法是错误的，我也很乐意改正。"

没想到的是，主管说完后，大家从争论变成了讨论，会议气氛好多了。

后来经过长时间的讨论，大家都欣然倾向于乡村销售。

职场中，肯定会有分歧，但当有了分歧后，是否需要争吵呢？这很值得商榷。其实，当不那么固执己见，只是就事论事时，你会发现，虽然你无法完全认同对方的意见，但对方说的也并非全无道理——也许把团队的意见综合一下，结果会更好，而且这也能体现出整个团队的智慧。

那么，在职场中，我们怎样做才能化解冲突呢？

1. 学会以大局为重

同事都是因为工作关系而走到一起的，因此我们要懂得以大局为重，形成利益共同体。大家一定要具备团队意识，相互帮助，而不是拆台。切记不可因为自己的小利而损害集体的大利。如果我们能以大局为重，那就能大事化小，小事化无。

2. 有异议时要求大同，存小异

同事之间由于立场等差异，对同一个问题难免会产生不同的看法。因此，与同事有分歧时，我们既不能过分地与之争论，也不可一味地"以和为贵"，而应争取求大同，存小异。另外，我们还要学会冷静地处理问题，这样才能既淡化矛盾，又不失自己的立场。

3. 学会宽容、忍让与道歉

同事之间发生了矛盾，你不要认为先说对不起就丢面子，要积极主动地去道歉。如果两个人继续争吵下去，那会失去同事之谊；如果重归于好，那会相安无事。所以，不要等待别人来解决问题，要自己负起责任。

有时候，当大家产生了冲突，我们不妨找机会主动沟通，表达一下自己的态度。如果你觉得工作时间不方便，可以约个时间一起吃顿饭，在放松的状态下交换一下彼此的看法。不一定要分出谁对谁错，关键是要把事情说开，不要因此留下心结。

幸福的家庭，总是在宽容中诞生

著名作家列夫·托尔斯泰说："幸福的家庭都是相似的，不幸的家庭各有各的不幸。"幸福就是即使两人对坐无语，也不会觉得无聊；幸福就是彼此打电话，不需过多的语言，只为听到对方的声音。幸福很简单，也很复杂。有人认为，锦衣玉食也不幸福，有人则认为粗茶淡饭依然可以快乐每一天。

幸福的家庭是由幸福的人组成的，只有幸福的人才能说出幸福甜蜜的话语。幸福的话语传递的是一种爱，让我们身边的朋友感受到我们的爱，这样，我们才能让身边的人也融入我们的幸福中。有了这样的支撑，我们才能做好人生中的其他事情。

1918 年，17 岁的梁思成认识了 14 岁的林徽因，他们两人的父亲是朋友，早早就定下了孩子们的亲事。1928 年，两人步入了婚姻的殿堂。

林徽因是当时的著名才女，身边不乏大批的追求者。在梁思成赴美留学之前，林徽因和徐志摩的交往就非常亲密。梁思成对此泰然处之，没有让自己心中的妒火麻痹掉自己的理智。

1931 年，徐志摩发生了坠机事件，梁思成主动赶往现场，替徐志摩料理后事，体现出了一个男人的大度与宽容。

1932 年，梁思成和林徽因搬到了北京东城区北总布胡同，金岳霖是他们家后院的邻居。有一天，林徽因告诉梁思成，她爱梁思成的同时爱上了金岳霖。梁思成想了一晚上，最后，梁思成觉得，自己缺少金岳霖那样的哲学家头脑，自己不如金岳霖。

第二天早上，梁思成对林徽因说："你是自由的。我既然爱你，就要给你足够的自由。如果你爱我，就算离开了，也会再回来；如果你不爱我，就算我强求，也是没有用的。"

林徽因接下来就找到了金岳霖，把梁思成的话转告给了他，金岳霖说："梁思成能说出这样的话，证明他是真心爱你的。他不希望你受到任何委屈，所以，他才会给你自由。我不想伤害一个真心爱你的男人，我退出。"

最后，三个人成为了好朋友，梁思成从来没有因为忌妒而失去包容之心，他对林徽因的爱不仅伟大，而且深沉。金岳霖自此之后终生未娶，等到他80多岁去世，为他送终的是梁思成和林徽因的儿子。

梁思成对林徽因的宽容，其实就是对爱情的宽容。如果他过于强求，只会让握在手中的爱情从指尖溜走。其实，夫妻双方需要的是理解，是相互体谅。恋爱的热情，恋爱的温度是极其短暂的，如果我们太过于追求，只会适得其反。

幸福的话语来源于心底幸福感的释放，如果我们没有察觉到幸福，就很难从口中把幸福的感觉表达出来。人生是一段漫长的旅程，而我们需要在这段旅程中不断行走，但是，行走中的我们不要忘了生活中的情感，不要忘了路边的风景。想要用幸福的话语感染别人，就应该先让幸福住进我们心里，只有如此，我们才能说出触动心灵的幸福话语。

有一对老爷爷和老奶奶，他们本来是风马牛不相及的两个人，但是因为包办婚姻走到了一起，而且一走就是一辈子。

老奶奶和老爷爷是一个村的，由于老爷爷家里条件不好，而且肤色较黑，到了30岁还没结婚。

那时候，老奶奶的父亲生病了，老爷爷东奔西跑，为她家忙里忙外。老人被老爷爷勤劳质朴的心打动了，觉得如果把女儿嫁给他就一定能得到幸福。

老奶奶根本就不同意，老爷爷不仅长得黑，而且年龄又比她大得多。她每天自怨自艾，哀哭好久才会去睡觉。最后老奶奶顶不住家里父母的压力，只得同意了这门亲事。

两个人的矛盾一直没有缓解，老爷爷生性软弱，老奶奶性子刚强，操持家中的大小事情。

但是，随着孩子们的出生，两人的感情渐渐好了起来。老奶奶逢人就夸赞老爷爷说："我家老头子，人聪明，又能干。有了孩子之后，他的父爱全都展现了出来，这让我真的非常高兴！"

老爷爷见老奶奶每天喜上眉梢，自己也非常高兴："这家里，里里外外都是老太太打理的，别提有多好了。"

自此之后，老奶奶开始不住地夸赞老爷爷聪明勤劳，夸赞的时候，表情中还会流露出崇拜的目光；而老爷爷说起老奶奶，也是非常高兴，说老奶奶是家里的顶梁柱，每件事，自己都要问过她才肯放心，嘴角不时洋溢起幸福的微笑。

老爷爷和老奶奶的婚姻一开始是不幸福的。他们的幸福婚姻是从互相欣赏开始的，没有欣赏的爱情是不会幸福的。我们不应该吝啬我们的赞美，有时候，一句简单的赞美，就会让对方心里拥有幸福的滋味。在茫茫人海中相遇相知是一种缘分，能够携手走进婚姻的殿堂更是一种幸福，既然牵了彼此的手，就要一起肩并肩走完这一生。

曾经在网络上流传着一条关于幸福的顺口溜："幸福就是猫吃鱼，狗吃肉，奥特曼专打小怪兽。"其实，幸福没有想象的那么复杂。那么，在婚姻中，我们应该如何获得幸福呢？

1. 遇事多沟通，不独断专行

一个完整的家并非由一个人组成，还有伴侣、孩子。每个人都是这个家的重要一员。因此，遇到任何事，都不要独断专行，应该与家人多商量，商议出一个共同的决定。这样才不会产生矛盾，家庭才会幸福美满。

2. 幸福需要相互体谅和宽容

谁都有自己的脾气，谁都有不愿回忆的过去。世界上没有完美的人，更何况是伴侣。因此，想建造一个幸福的家庭，就需要相互间的体谅和宽容。像我们上述的案例所说，若是没有梁思成对林徽因的宽容，又如何有后世称道的郎才女貌的幸福佳话。

3. 相互称赞，发掘对方身上闪光点

赞美是这个世界上最美妙的语言，在婚姻当中，赞美更是家庭幸福的黏合剂。因此，千万不要对伴侣吝啬你的赞美。对方有一分好，你要夸出三分来，这样就会收获到对方更多更浓的爱意。

第九章
多点幽默，你的人生色彩斑斓

人生总会有很多的烦恼，有的人在绝境中挣扎，有的人在失意中迷茫，有的人在暴风雨中一次次顽强地抵抗，防止人生垮掉。无论怎样地不如意，我们都应该学会借助幽默的力量，打造乐观的心态，以最积极的方式来对待人生中的烦恼。以幽默的力量化解悲观失望的情绪，才能使不如意转化为前进的动力，造就不垮的人生。

心里装着快乐，生活自然有滋有味儿

　　幽默可以将一种亲切、轻松和平等的感觉传递给别人，它可以使各种忧虑在笑声中消失。装腔作势、尖酸刻薄都是幽默的手下败将。为了使生活保持着朝气，我们要不断地注入兴奋剂，用幽默来滋润生活。

　　爱因斯坦在街上遇到了一个老友，老友看着他身上衣服，诧异地问道："爱因斯坦先生，我觉得你有必要添置一件新的大衣了，看你身上这件衣服，这都穿了多久了啊！"

爱因斯坦回答道："这有什么关系，在纽约的街头上，谁认识我呢？"

多年以后，爱因斯坦成名了，但他依旧穿着那件多年前的旧大衣。有一天，在街头，他又遇到了多年前谈论过这件事的老友，那位老友又劝道："你现在这么有名，怎么还穿着这件大衣呢？你应该添置一件新的大衣了。"

爱因斯坦回答道："这又何必呢。现在，无论我穿什么，谁不认识我呢？"

无论在成名前还是成名后，爱因斯坦始终过着简朴的生活，对于外在，从来都没有什么强烈的需求。朋友在他成名前后都建议过他添置新的大衣，而他运用极其巧妙和富有幽默感的话回答了老友。在生活中，我们都应该学习爱因斯坦，以幽默的心态来对待人生中不顺心的事，时刻为生活注入兴奋剂。

有一个年轻人，他是摩托车运动爱好者，并且一直梦想着有自己的摩托车。终于，他买到一辆摩托车，但不幸的是，他第一次用新车参加摩托车比赛时就把车子给撞坏了。

可是，这并没有使他沮丧，年轻人自我安慰道："唉，从前我经常说，总有一天我要骑着自己的摩托车参赛。现在，我真的拥有了一辆自己的摩托车，而且还真的只参加了一天的比赛。"说完之后，他自己也忍不住笑了起来。

人们在生活中免不了受经济困扰，撞坏了摩托车，主要也是经济方面的损失，而借助幽默的力量，可以减轻经济问题带来的压力。

一位体重持续上升的先生说："身体一直在发胖，有什么办法呢？别说节食没有效，就是天天只喝自来水，恐怕还是会胖的。"

上了年纪的老奶奶说："我脸上的皱纹并不多，可苍蝇、蚊子常常被皱纹夹住，吱吱地跟我抗议呢。"

见别人为自己花白的或明显稀少的头发而担忧，不到三十岁就秃顶的老王说："秃头可以戴一顶帽子嘛！"

年过六旬的张大爷说："我真担心年龄长得太快，所以，这几年的冬至节我都不吃汤圆了。"

家庭生活中，没有什么事情是不能幽默的，关键在于你想不想。只要保持愉快的心情，你总能发现身边的快乐。比如，男人们都对逛街没什么兴趣，可女人们又很喜欢拉着男友或者老公陪自己逛街。这种事情让很多男人头疼，可它又无法避免。

既然这种事总要发生，我们倒不如表现得乐观点，让这难以忍受的事情多几分乐趣。

挑个大晴天，你陪另一半去逛街。等另一半看中一件衣服，只因嫌贵而犹豫着要不要下手时，你不妨偷偷地把款付了，然后拎着衣服，拉着另一半就跑，边跑边对她说："快跑，趁着营业员没看见。"

接下来，你的另一半一定会心惊胆战，甚至对你大发雷霆。这时，你就可以把谜底揭开，告诉她："放心吧，我已经把钱付过啦。看，我手心里攥着的不就是小票吗？"

如此大张旗鼓地幽默一下，可以让逛街这件无趣的事情变得有趣起来，同时还能让你的另一半感受到你的爱意、风趣。

幽默本身并没有什么固定的程序，也没有什么公式可以套用。只要你的心中永远充满着快乐，能够积极面对生活，自然而然就会变得幽默起来，让生活这杯白开水变得有滋有味，并且寻回儿时那个快乐的自己。

1. 用幽默化解冲突

冲突的产生，多数都是由于我们局限于某个点上，然后不断把这个点放大造成的。因为这样，我们和身边人之间的矛盾才会加深。矛盾出现，我们要做的就是淡化它，就是转移当事人的角度，东拉西扯，让对方在轻松幽默的环境中忘掉矛盾。

只有这样，矛盾才会逐渐淡化消失。

2. 把乐观注入到幽默之中

幽默的实质就是面对不同环境所采取的乐观态度。一个人能拥有什么样的人生，就在于他怎么看待自己。若是人们把事情看得很重，人生就会因此而沉重；若是人们面对困难能乐观对待，人生就会变轻松。

借助幽默，对抗生活中的失意与悲伤

面对生活中的种种不如意，我们通常会不自觉地去反思、自责，于是心理逐渐失衡，或闷闷不乐、或郁郁寡欢、或满腹牢骚、或怒发冲冠。假如我们以这种焦躁的情绪待人处世，自然会将自己的生活弄得一团糟。幽默是烦恼的克星，能改变我们灰暗、消沉的心境，帮助我们重获自信、激情和兴致，回复最初的精神爽朗、心情舒畅。

挫折既然不可避免，我们不妨换一个角度来看待人生的不如意。就像英国著名作家威廉·萨克雷所说的那样："生活是一面镜子，你对它笑，它也会对你笑；你对它哭，它也会对你哭。"因此，轻装上阵是克服困难挫折的最好方式。幽默的力量在于调节，它能使人领悟到失意或烦恼的真谛，积极创造新的气氛，从而达到心理的平衡。

美国有一位传奇式的教练叫佩迈尔，他带领的迪鲍尔大学篮球队在蝉联 39 次冠军后，遭到一次空前的惨败。记者们在比赛后蜂拥而至，问他此时感想如何。

佩迈尔微笑着说："好极了，我们现在可以轻装上阵，全力以赴地去争夺冠军了，背上再也没有包袱了。"

比赛失利本应是令人极其沮丧的事情，但在乐观积极的人看来，失败不过是迈向成功的一级台阶。佩迈尔教练的话语蕴含着豁达的幽默和哲学的智慧。他的哲学修养使他看到事物的另一面，他在冠军的称号中看到了包袱，而在失去冠军的刹那又看到了从零开始的心理优势。他的幽默不仅能够减轻队员的压力，而且也有指导实践的意义。

对一时的比赛失利，我们可以豁达地看待，但是，假如要我们去面对可能影响自己一生的身体残疾，那就需要很大的勇气了。

爱迪生有一次坐火车，结果被人打了一记响亮的耳光。就是这一罪恶的耳光，导致了爱迪生后来的耳聋。但是，这位伟大的科学家对自己的缺陷却不以为意，他以幽默的口吻说："耳聋帮我杜绝了跟外界的无聊谈话，使我能更专心地工作。"

伤残疼痛在普通人眼中是沉重不堪的。可对有志之士、有识之士来说，乐观面对就能改变生活，他们的幽默豁达不仅开拓了他们的心胸，还让他们在痛苦中收获欢乐。

医学研究发现，烦恼对人的危害不可小觑，轻则使人精神不振、情绪不佳、浑身无力，重则使人患各种各样的疾病。因此，只要烦恼产生，我们就应该想方设法去排除。

俄国著名作家赫尔岑应邀参加一个晚宴，席间他被宴会上轻佻的音乐弄得十分厌烦，但他身为贵宾，如果随意离席不太礼貌。苦恼之余，他干脆用手捂住耳朵。

宴会的主人见此，忙上前解释说："对不起，你不喜欢他们演奏的流行乐曲吗？"赫尔岑反问道："流行的乐曲就都是高尚的吗？"

主人听了甚感诧异："不高尚的东西怎么会流行呢？"赫尔岑笑了："那么，流行性感冒也应归类为高尚吗？"说罢，他起身离开位子，躲到角落里去了。

虽然对轻浮的音乐不胜其烦，但赫尔岑并没有选择直接抗拒的方式，因为那样不仅显得他没有涵养，而且还会使宴会的主人尴尬。于是，聪明的作家选择了幽默的方式，将轻佻的音乐比作流行性感冒，不仅缓解了自己不堪忍受的烦恼，也间接表达了内心的不快。

生活在人世间，谁都免不了应对复杂的人际关系。时间一久，我们自然会对这种应酬感到厌烦，但却又找不到合适的理由拒绝。

英国诗人罗伯特·勃朗宁有"诗瘾"之称，只要沉浸到创作中，他就什么都顾不得了，从不知厌倦。他这个人有一个特点，非常憎恶一切无聊的应酬和闲扯。

有一次，他去参加一个社交聚会，一位先生很不知趣地就勃朗宁的作品向他提了一连串问题，勃朗宁既看不出问题的价值，也不知道他到底有何用意。由于对此十分地不耐烦，他决定结束谈话。

于是，勃朗宁很有礼貌地对那人说："请原谅，亲爱的先生，我独占了你那么多时间。"勃朗宁说完，那位先生先是愣住了，随后笑了笑告辞了。

勃朗宁幽默地终止了那位不知趣先生的无聊问题。假如他用直接拒绝的方式，很可能会引起他人的不满。勃朗宁含蓄中略带幽默的话语不仅成功地杜绝了烦恼，而且使自己全身而退，无法不令人称赞。

平日里，有些人经常会吃人情亏，可为了面子和本着不伤和气的原则，不少人都会选择哑巴吃黄连，有苦也不说。在这种时候，要是你能够巧妙地运用幽默的语言，就可以轻而易举地帮自己解决烦恼。

1. 恰到好处地自嘲

特定的社交场合，自嘲能帮助我们摆脱窘境，调节气氛。但自嘲也是有限度的，不能肆无忌惮地拿自己的缺点和劣势进行戏谑和讽刺。如果不注意维护个人尊严，甚至降低人格，那么这种幽默就是低俗的。恰到好处地自我调侃，必须坚守自尊、自信的底线，这是赢得他人尊敬和信赖的前提。

2. 分清场合运用幽默

见什么人说什么话，到什么山上唱什么歌。幽默也是如此，在什么场合就要运用什么幽默。要巧妙利用场合与氛围，使谈话的意图、内容与场合气氛协调一致，这样易于被对方理解、接受。

幽默让一个人变得更自信

如果一个人懂得幽默，虽然他不一定美丽，但却一定是善解人意的、充满智慧的、受人欢迎的人。这种类型的人热爱生活，懂得利用自己的方式应对各种困境，懂得用微笑来使自己放松，懂得用智慧让自己变得更具魅力。

我们可以将幽默而风趣的语言风格视为人内在气质在语言运用当中的外化。在与他人进行交流与沟通的过程中，幽默可以起到很好的作用，比如，幽默可以激发对方的愉悦感，使对方感觉轻松、愉快、舒畅。在这种轻松活跃的气氛当中，人们可以更好地进行感情交流，或者因为各种原因而造成的隔阂也会消失得无影无踪。

有一次，小周带儿子到公司来玩，孩子特别调皮，来到办公室就玩上了电脑，没想到几秒钟的工夫就把电脑的鼠标摔坏了。小周十分生气，抬手就给了孩子一巴掌，那声音很响。这时40岁的张姐"噌"地跳起来，指着小周的鼻子大叫："你干吗打孩子，你的手怎么这么欠呢？"这一大嗓子，办公室的人都蒙了，小周这个愣头青更是气得不行。这时又见张姐指着孩子，不依不饶地说："你知道你这一巴掌起什么作用吗？这孩子原本可以当大学教授，就这一巴掌，把个好端端的大学教授打没了。"听了张姐的话，周围的同事哈哈大笑，小周也乐了，说道："大学教授？他有那个脑袋，太阳就得打西边出来了，张姐你可真会说话。"

事后，张姐对同事小李说："我是见不得打孩子的，但话一出口，也觉得冒失了，可又不好意思把话收回去，于是就来了个脑筋急转弯。"

如果张姐当时只说了前面那句话，那小周肯定会气得大骂，毕竟着急的张姐确实说了一句冒失的话。不过，好在张姐急中生智，说出了后面的那句话，不仅化解了难堪，而且使办公室重新回到了和谐的状态。自然，这样对于提高工作效率也是很有帮助的。

擅长理解幽默的人，更容易让人喜欢；擅长表达幽默的人，更容易令人欣赏。懂得幽默的人很容易与别人保持和谐的人际关系。在现实生活中，经常会出现一些让人斗得头破血流却解决不了的问题。在这个时候，倘若适当地来一点儿幽默，也许就能化干戈为玉帛，顺利地将事情解决。

另外，幽默还可以很好地显示一个人的自信，增强一个人取得成功的信心。要知道，有的时候，与能力相比，信心显得更加重要。面对艰难而曲折的生活，有些人很容易失去自信，放弃自己的奋斗目标。倘若能够用幽默的态度来对待挫折与磨难，那么，人往往能重新振作起来。

在使用幽默这一手段的时候，一定要让自己的表情显得自然轻松，唯有如此，才可以使你身边的每一个人都被幽默的气氛所感染。要记住，一个看起来满脸愁容或者表情抑郁的人，是不可能将幽默的真正魅力发挥出来的。幽默的人生充满了无穷的乐趣，因此，学会并熟练掌握幽默，可以让人们的社交生活变得更加丰富、快乐。

需要特别注意的是，幽默不是不懂分寸地耍嘴皮。幽默应当合乎情理，在引人发笑的同时给人以启迪。当然，要想做到这一点，需要具备一定的素质与修养。

从幽默的功能效果上来说，它的形式多种多样，如哲理式幽默、愉悦式幽默、解嘲式幽默以及讥讽式幽默等。为了实现幽默的礼仪效果，在对待自己的朋友、同事的时候，应该多使用愉悦式幽默与哲理式幽默；在对待自己或者朋友的时候，也可以依据具体的情况适当使用解嘲式幽默；在对待敌人或者恶人的时候，则可以多使用讽刺性幽默，从而达到在利用幽默对对方进行讥讽与鞭挞的同时愉悦身边的同事与朋友。

幽默风趣的谈吐可以看作是一个人的思想意识、聪明才智以及心灵感悟在语言运用过程中的结晶。

1. 营造轻松的氛围

在公共场所或者自己的家中，如果出现了一种非常窘迫而尴尬的场面，那么你可以利用超然洒脱的幽默让这种局面在大家的欢声笑语中消失。

2. 让人转败为胜

幽默是一个人的智慧和知识的综合运用。当一个人处于非常危险的境地，抑或遭受他人非难的时候，幽默能够帮助他化险为夷，转败为胜。

3. 高尚的情操与达观的人生态度

有人说："幽默属于乐观者，幽默属于生活中的强者。"的确如此。幽默的谈吐是以说话者拥有健康的思想与高尚的情趣为基础的。一个心胸狭窄、思想颓废的人，是不可能成为一个幽默的人的，同样，这样的人也不会具有幽默感。只有那些乐观、情操高尚的人，才会在遇到不如意的事情时，泰然处之，幽默待之。

4. 良好的文化素养与表达能力

一个人的幽默谈吐与其自身的聪明才智有着非常密切的联系。所以，如果你想要成为一个懂得幽默的人，那么就应当具有良好的文化素养以及拥有丰富的文化知识。倘若一个人了解古今中外、天南地北的各种历史典故以及风土人情，再加上较强的表达能力，那么这个人必然可以说出生动、活泼、幽默的语言。纵观古今中外，那些有名的幽默大师，绝大多数又都是语言大师。幽默不等于矫揉造作，它是非常自然地流露。正所谓"我本无心讲笑话，笑话自从口中出"。

然而，如果想要培养幽默感，那么就必须先培养与提高自己的幽默心理能力。

1. 对生活进行仔细观察

如果你想要口吐幽默的话语，那么你就必须先观察生活。

而且，在对生活进行观察、寻找喜剧素材的时候，一定要认真仔细，并且学会变换视角去发掘与表现想要的素材。

2. 认真学习幽默技巧

幽默并不是一个人天生就有的，而是在后天通过学习而得来的。很多关于幽默的书籍和先人的范例，值得我们认真地研究借鉴。

3. 敢于表达幽默

一个人的幽默能力，只有在其表达幽默的时候才能够得到检验与提高。如果想要成为一个幽默的人，那么就必须积极主动地去实践。因此，当你学习了一段时间之后，你可以选择一个适当的场合，针对一个恰当的对象，来表现自己的幽默。

幽默最重要的是先学会丢掉羞怯

有些人在陌生的场合里面对陌生的人，特别是比自己事业优秀或地位尊贵的人，就会萌生一种羞怯、自卑的心理，于是不敢开口表达自己。

有时候，我们在公众场合里被要求站起来讲话时，也会觉得浑身不自在，无法清晰地进行思考，不知道该说些什么。

一般来说，羞怯的人分三种。

第一种，习惯性羞怯。这类人的性格本身内向、沉静，见到陌生人就会脸红，对陌生人常常怀有胆怯心理，不敢表达自己的想法。

第二种，认识性羞怯。这类人过分强调自我，有严重的患得患失心理，生怕自己的一举一动遭到别人的耻笑，所以只有在很有把握时才敢说话或行动，而一旦准备不足就会失去方寸。

第三种，挫折性羞怯。这类人的性格本身不羞怯，但因为曾经在交际中遭受过失败，产生了心理阴影，所以对交际"望而却步"。

想要真正地掌握幽默、掌握说话的艺术，做一个成功的人，在学习口才之前，首先要解决的就是心理问题——你必须扩大自己的心理开放区域，勇敢、开朗、坦诚地表现真实的自我，不要怕暴露弱点和缺点。

你若是不敢开口，那么不管怎样，都不可能练就好口才，更不能让自己在交际中变得幽默起来。人生的种种机遇往往都要用口才来开拓，种种成功也要靠口才来促成，所以，有口才是每个人的标配。

梦瑶是我大学时期的同学，记得在学校的时候，她性格很内向，总是一个人坐在角落里默默地看书，也不跟其他同学交往。因此，很多同学对梦瑶的印象都不深刻。

几年后，我去参观一个贸易展览会，在一个展览区里看到了梦瑶。偶遇同学是一件很兴奋的事，我便想上前跟她打招呼。

当我走到梦瑶那个展柜的时候，听到了她跟一位顾客的谈话，瞬间让我诧异不已——没想到几年不见，她居然这么能说会道！

当时，那位顾客也是偶然经过梦瑶那个展柜，随意看看产品。只听梦瑶上前问道："请问，您有什么需要？"

顾客对产品不太感兴趣，随意回答道："没什么买的，随便看看。"

梦瑶微微一笑，说道："是啊！很多人说过这样的话。"正当顾客得意之时，她又接了一句："但他们后来都改变了主意。"

"哦？为什么？"顾客好奇地问。

然后，梦瑶就开始正式向这位顾客介绍她们公司的产品。

我站在一旁，梦瑶并没有看到我。我听着她口若悬河地给顾客介绍着产品的功能，心想：这还是几年前那个内向而不爱说话的女生吗？

当梦瑶忙完了，抬头看到我时也很诧异，随即笑着跟我打招呼。我们约好一会儿忙完后一起去吃顿饭，叙叙旧。

吃饭时，我们聊了聊彼此的近况。与梦瑶聊天让我觉得非常愉快，我由衷地赞叹道："上学的时候都没怎么见你跟其他同学交流，没想到现在你的口才这么好。"

梦瑶微微一笑，说道："那时的我内向、害羞，不敢说话是因为不知道说什么。但到了社会上，没办法，尤其是当了业务员以后，不说话怎么能销售出去货品呢？所以，刚做这一行的时候，我买了很多口才方面的书学习，每天对着镜子练习。然后，我抛掉所有的羞怯，大胆地跟每一个陌生人介绍自己，介绍我背得滚瓜烂熟的产品资料。慢慢地，我也就变得这样能说会道了。"

由此我们可以看出，即便是内向的人，只要勇于开口，敢于多说，也会成为一个能说会道的人。没有谁天生就口才好，就像没有谁天生就学习好一样，那都是需要不断思考和练习得来的。

有些人说，看到别人口吐莲花、左右逢源，自己也会羡慕，也渴望能在交际中游刃有余地表达自己，赢得别人的赏识，可又不知该如何去克服羞怯的心理障碍。

法国的斐迪南·福煦大将曾经说过："战争中，最好的防守就是进攻。"当你对羞怯采取了一种攻势，那么克服它就不是一件困难的事了。

1. 多肯定自己

口才好的人，通常都自信十足。平日里，要学会善于发现自己的优势，多肯定自己，少为羞怯找借口。当你不断地给自己积极的心理暗示时，你会发现自己其实挺优秀的。我们只要把自己真实的内心表达清楚就好了，不需要有太多的顾虑。

为了培养自信，在当众演讲之前，我们可以在心里默念"我可以""我已经准备好了"之类的话，从内心深处相信自己。

你还可以在上台前做一次持续 30 秒的深呼吸，这样可以增强大脑的供氧量，不仅能使头脑更清醒，还能增加自己的勇气。

2. 别怕被他人议论

被人议论是一件再正常不过的事，你不必过分担忧。每个人都有过当众讲话时怯场的经历，但如果因此把它当成一种心理负担，过分地压抑自己，变得不敢再跟他人交谈，不仅无法享受到交谈的乐趣，而且还可能埋没自己的潜能。

3. 忘掉恐惧感

想走出紧张的心理状态，就得勇敢地面对问题。当你必须说话的时候，应该把注意力放在你要说的话上，而不是他人的看法，更不要有"我害怕""万一说错了怎么办"的心理。当你一心一意只专注于自己要说的话时，恐惧就会自动消失。

4. 理性面对失败

人非圣贤，孰能无过？犯错是正常的事，一次失败并不能说明你不优秀——只要找出问题的根源，避免以后再犯同样的错误就行了，无须耿耿于怀。

你想让自己流利地表达意见，顺畅地与他人沟通，最重要的是让自己习惯于开口讲话。

所以，在任何场合，你都要积极地把握交际机会，学习说话技巧。最简单的办法是先从跟同事、客户打招呼入手，等到说得多了，你就会发现自己越来越习惯与人讲话，不再羞怯和紧张了。

幽默的语言，最能给人生带来快乐

人一生要经历很多的事，这就需要我们拥有一份乐观的心态，只有快乐的人才能活出真正快乐的人生。悲观者说："蔷薇有刺。"而乐观者说："刺里有蔷薇。"每天给自己一个希望，每天都将拥有好的心情。人生中需要这种积极乐观的态度，只有这样，我们才能在人生长路上砥砺前行。

李婕在一所学校面试时被问到了这样一个问题："请问你为

什么要选择教师作为你的职业？"

李婕心想，如果自己说因为喜欢孩子或是因为教师是个神圣的职业之类的话，那就太没创意了，也不会给考官留下深刻的印象。于是李婕灵机一动，回答道："小时候我曾立志要做伟人的妻子，长大以后才发现，我这个理想是不大可能实现了。于是我改变了主意，我决定成为伟人的老师。"

这一番话，让现场的考官忍俊不禁。最终，李婕被录取了。

幽默的语言风格需要的是我们不断地经历，多去经历，才能感悟越来越多的人生哲理。只有如此，我们才能发现人生中的美好，才会对说话之道有更深层次的了解。

我们手上掌握着人生的遥控器，我们可以随时选择切换到快乐频道，让我们的人生继续精彩下去。只有这样，我们的口才才能展现出更加让人忌妒的魅力。

有位女性作家写了一部长篇小说，十分轰动，畅销全国。有一位书评家此前很喜欢这位女作家，并向她求过婚，但被拒绝了，因此怀恨在心。于是，在这部书热卖时，他不断诋毁这部作品，同时也诋毁这位女作家的才能和为人。

一次作家协会举行交流会，在会上很多同行都对这位女作家表示赞赏，称赞其作品的伟大，女作家一一表示感谢。就在这时，这位书评家大声地问道："你这部作品确实很不错啊，不知道是谁做得你的代笔？"

当时女作家还沉浸在一片赞誉声中，冷不防听到这位书评家尖刻的提问，瞬间愣在了当场。此时很多看热闹的纷纷围了过来，女作家知道这时候争吵只会让自己产生更多话题，这并非解决问题的好办法。于是，她冷静了下来，微笑着对这位书评家说道："很感谢您对我这部作品有这么高的评价。但您能否告诉我，是谁替您读的这部书呢？"

随机应变，随性幽默，往往能迸发出无坚不摧的力量。

每个人都喜欢和乐观的人交流，因为他们积极的人生态度和乐观的情绪能感染我们，让我们也心情舒畅。而乐观的人往往都具有幽默的品质，他们用幽默的语言带给大家欢乐，用乐观的心态感染每一个人。我们每一个人都应该向他们学习，学习他们幽默的语言、乐观的心态，努力让自己变得语言同样幽默、心态同样乐观。

1. 增加逻辑，在严谨中制造笑料

逻辑虽然是严密的，甚至在很多时候是严肃的，假如我们能在严密的逻辑中使用幽默，那所产生的"笑"果将是不可预

料的。毕竟，思维的转向，会让同一件事情产生诸多的面，当我们站在这面看是正常的逻辑，一旦转向另外一面，那就成了混乱的逻辑。如此想来，岂不是很有趣？

2. 连环计，用幽默下个套

幽默的方法有很多，其中有一种可以让人一时摸不着头脑，那就是巧设连环，请君入瓮。给对方设下一个圈套，让对方往里钻，上你的当。这时你揭开了谜底，他恍然大悟，但是已经被捉弄了，幽默效果随即产生了。

3. 以谬制谬，在无语中发笑

"以谬制谬"的幽默技巧遵循兵书上"以彼之矛攻彼之盾"的思想，让对方陷入自我矛盾之中，从而达到不战而屈人之兵的目的。这种幽默有一个显著的特点，就是当对方提出一个错误的论断时，另一方不是直接反驳，而是将这个错误论断进一步引申，得出更荒谬的结论，使人因彻底无语而发笑。

第十章
年轻要有梦想，有目标人生永不垮

　　每个人都有梦想，若是一个人没有梦想，那仅仅就是活着。没有梦想地活着，那活着的意义又在哪里呢？因此，我们必须有梦想，并朝着梦想不断地前行，只有这样，人生才有动力，活着才有冲劲。在实现梦想的过程中，我们才会意气风发，冲劲十足，为了梦想而拼搏、坚持、勇敢，在一次次的挫折与失败面前不低头，直到梦想照进现实。由此可见，有梦想的人生才丰富多彩，有梦想的人生才永不会被击垮。

梦想的路上，需要倾听者的陪伴

生活不可能只是一个人去完成，我们总要和一些人为伴。我们的生活需要亲人、需要朋友，工作需要同事，我们生活的方方面面都是和另一些人联系在一起的，梦想也是如此。

大多数人都希望生活中有一个人能倾听到自己内心的想法，支持自己的梦想。但是现代人却常常放不开自己，很难将自己的想法倾吐出来，所以我们真正需要的是一个倾听者。希望有一个人来安静地听你讲述。

梦想不是一意孤行，懂得倾诉自己，才能让他人更了解你。在谈论的过程中，他人往往会给出极为重要的意见，这些意见会让我们少走弯路。

古时候，有一位皇帝得到了三个一模一样的小金人。

皇帝国事繁忙，每天对着枯燥的宫廷生活，内心十分苦闷。这一天他突然想到什么，便召集了自己所有的大臣，将那三个小金人拿出来对着大臣们说："各位臣工，我知道你们个个都文韬武略，那么谁知道这三个小金人里面哪一个最有价值呢？"大臣们对这三个长相一模一样，个头也如出一辙的小金人看了又看，摸了又摸，掂量了又掂量，都摇摇头说："这小金人外貌一样，重量也是一样，那么价值也是一样。"皇上听了，皱着眉头说："各位就没有一个人知道吗？"

这时一位老臣踱步来到小金人前，拿出来一根稻草，只见老臣将稻草放入第一个小金人的耳朵里，谁知道稻草竟然从另一只耳朵滑落了出来，老臣摇摇头。接着，他把稻草放入了第二个小金人耳朵，结果稻草从小金人的嘴里钻了出来，老臣皱了皱眉头。最后，当老臣把稻草放入最后一个小金人的耳朵后，竟然完全没有了动静。

于是老臣说："皇上，微臣认为，最有价值的是第三个小金人。"

大臣们都疑惑不解，老臣解释道："第一个小金人，稻草从另一只耳朵出来了，说明这样的人你跟他说什么，他都只是当耳旁风。左耳进右耳出，这种人表面似乎恭恭敬敬，其实内外不一。第二个小金人稻草从嘴里出来，说明这种人不能委以重任，你跟他说什么，他都会四处散播，不能管住自己的嘴巴，为人不牢靠。而第三个小金人，这种人你跟他说什么，他会默默听完，然后放在心里，不会到处告诉别人，正是皇上现在需要的人。"

皇上听完哈哈大笑，重重赏赐了这位老臣。

其实第三个小金人的价值就在于它会倾听。每个人都有自己的生活压力，也难免会有碰壁的时候，当你感到郁闷的时候，学会找一个你信赖的人来倾诉。倾诉是缓解压力的一味良药。在倾诉的过程中，也会不知不觉拉近你和朋友的距离，让他能更设身处地地为你考虑和设想。在梦想的道路上，如果有一个倾听者，将会有很多好处。

1. 能够释放压力

人是一个生命个体，在这个复杂的世界，也会有一个人时的无助和孤独。学习上的困难，工作当中的阻碍，感情上的挫败，常常会让你自顾不暇。各式各样的事情都需要你来解决和面对，这无疑是要承受很大的压力。如果你一个人硬扛下来，不去找个人来倾诉自己的压力，时间一长，会对你的精神造成一种无形的摧残。

一味地沉默是很危险的一件事。很多人对事情的反应都会产生一种焦虑感，如果这个焦虑得不到及时地开导，就会在心里积聚起来，时间越长这种感觉越堆积。就像一个充满气的气球找不到出口，却还在源源不断地充气，随时都有爆炸的可能。所以要学会关爱自己，知道为自己减压，懂得向别人倾诉。

2．得到很好的反馈

有时候，在很多事情上你需要扮演忠实的倾听者，那么会有更多的人愿意把他的想法告诉你。而你也是一样，你的梦想，也需要有人来倾听，来认可，然后你也可以从别人的意见和建议中得到好的反馈。

敢于做梦，更要懂得身体力行

任何人都不能忘却自己的梦想。没有梦想的人生是灰暗的人生，绝不会是成功的人生。那些敢于做梦并身体力行的人才会成为成功的人。

有形的世界一定会受到无形世界的制约，因此，一个人内心的梦想在其人生中会起到很大的作用。人不能忘却自己的梦想，不能在没有理想的状态下生活。社会在人类理想的指引下不断前进，理想在全体人类的努力下，终将变成现实。

那些敢于去想，并努力去做的人，都成就了一番光辉熠熠的事业。哥伦布先是在内心有了想发现另外一个世界的愿望，随后他才能在这种思想的鼓舞下去发现那个世界；哥白尼有了太阳中心说的理论，随后他才能向整个社会阐述自己的学说。

人都有权力在内心组建一个美好的构想并且通过努力加以实现，不管这些构想是否纯洁或美好，或是二者兼有。你把所有的心思都用在它们上，你双手收获的就是自己思想的果实。无论你目前所处的境况如何，你都会在你思想的指导下或前进或后退，或维持原状，你将逐渐变得或伟大或卑微。

任何伟大成就的得来，在最初的时刻都源于内心的一个梦或者一种理想。橡树在破土而出前只能沉睡在树籽中，小鸟破壳前唯有在蛋中耐心等待。那些刚开始只存在于心中的至高理想，一旦破壳而出，振翅高飞，就会在天空中获得天使的拥抱。你的现实环境或许不比别人优越，甚至更加的困难，但是只要你心中有自己的理想，并且坚持努力、不言放弃，那么，你的现实环境终将改变。记住，一个内心没有理想的人，生活就如原地踏步。

有一位贫穷的年轻人，为了生计，很长时间在一个条件很差的车间做工。他没有读过多少书，更加没有那些出众的手艺和技巧。但是，他却一直梦想自己有一个不平凡的未来。他在内心深处为自己勾画出了理想的生活情况。他渴望学习知识，渴望变得高雅，渴望拥有美丽的人生。这些美好在他内心深处生根发芽，使他萌动，赋予了他行动的动力。于是他利用所有的空余时间去补充完善自己。

很快，他的脑海里面再没有了那些不思进取的想法，外界的环境也不能够阻止他火一般的热情。那个小小的车间再也不能成为阻止他梦想的绊脚石。他的收获越来越多，潜能也逐渐被激发了出来，机会随之也越来越多。

一晃几年的时间过去，这位年轻人已经焕然一新地站在大家面前，他成了一位成熟稳重的企业家。每一个人都能够从他的谈吐和外在中感受到他强大的思想精神力量，他也能够熟练地利用这一力量为自己的理想服务。在人们的眼中，他是一位有远大抱负的青年，并且可以肩负起别人的重托。他自豪的谈到自己人生的改变，人们乐意倾听他的建议，认可他的思想，并且接受他的指导。无数人的命运已经与他相关联，在人群的簇拥下，他如一颗冉冉升起的新星，有无限美好的未来。

最初的时候，这个年轻人的生活窘迫潦倒，他的生活只有一种活法——坚韧地生活。正是因为怀揣理想，并且锲而不舍地追求，所以，他坚韧的活法终于变得洒脱起来。

开始构思人生的时候，千万不要忘了你的理想，不要忘了拨动你的心弦，要仔细呵护幼小的思维火苗，小心培育你至纯至善的思想，让它们成为你创造成功的必要条件。

1. 没有梦想的人生很容易垮掉

如果没有梦想，我们看不到未来，在遭受挫折的时候，我们很容易垮掉。当我们看不到未来的时候，会觉得自己凄惨不已，但也仅此而已。这样的人生无疑是我们都不喜欢也不愿意接受的。

2. 给梦想注入信念

在任何时候我们都不能轻视信念的力量，再失意、再无助，也要给梦想画一片充满生机的"树叶"。即便我们的梦想没有成功，但只要有信念在，就不会产生放弃的念头，梦想还在那里。

幻想不等于梦想，看清两者间的差别

很多时候，有些人觉得自己有一个神圣的梦想，但当他兴致勃勃地将自己的梦想分享给别人时，大家却摇摇头告诉他："不要总是沉浸在幻想中，醒醒吧！"那么究竟什么是梦想？什么又是幻想呢？它们之间应该怎么区分呢？

梦想是人类最无邪最天真的愿望，也是人类渴求美好事物和憧憬的本能。它是一种追求，也是推动自己向前的动力。虽然梦想与现实之间存在差距，但只要肯努力，梦想还是能实现的。而幻想则是指违背客观规律的、荒谬的想法或希望，是不可能实现的。人在产生幻想之后，通常会脱离实际，想入非非，每天做着不切实际的白日梦，通过沉浸在这种虚构的美好梦想中满足自己，或者想要通过置身于幻想世界来逃避现实。

显然，梦想与幻想是有着本质区别的。梦想通常与理想挂钩，它是一种既理性又浪漫的追求，它有实现的价值和可能；幻想则不同，它虽然美好，但完全没有实现的可能。如果人逃避现实，把幻想当成梦想对待，长此以往，只会让自己更加颓靡。美好的幻想一旦被残酷的现实打破，人就会陷入无限的痛苦中，无法自拔。

"我希望明天买一张去上海的火车票，然后按照计划，像安安一样生活。"刚读高一的小艺在日记本里写下这样一句话。安安是谁呢？那只不过是一本编撰的小说里的人物。

为了这个幻想，小艺离家从山东到了上海，一心想把自己变成小说中的安安。到了上海之后，处于陌生的环境，当现实的残酷向她袭来时，她害怕极了，便蹲在大街上痛哭起来。原来，这一切远没有想象中的那么美好，幻想在现实的冲击下显得那么可悲、可笑。

小艺从初中起就很喜欢看青春小说，有时候还常常把自己想象成是小说中的女主角，跟着她哭，跟着她笑。

这一次，她之所以要去上海，是因为她最近正在看的小说里的主角安安是一个美丽的上海富家女。可是，现实生活中的小艺只不过是一个平凡得不能再平凡的人。于是她常常幻想自己能变成安安，时间久了，她便有了自己就是安安的幻觉。她常常用安安这个名字在学校的校刊上发表文章；衣着打扮、鞋子的尺码，也全都换成了安安的习惯。即便如此，小艺觉得自己还没有完全成为安安，于是她便有了离家出走的想法。

很多时候，我们也像小艺一样沉浸在奇妙的幻想中。幻想自己是落难人间的天使，是受巫婆诅咒的王子，相信总有一天魔咒会解除，自己会从平凡中脱颖而出；有时候还幻想有一张彩票可以改变我们的一生，虔心期待着财富自己跑到我们的手上。但这些幻想只会让我们越来越脱离现实，让灵魂飘浮在虚无中。即便曾经有过理想，付出过努力，也终究会被这些不切实际的幻想吞并，从而跌进虚幻的旋涡中，不能自拔。

你是想做一名足球运动员？画家？作家？或是企业家？无论是哪一种梦想，背后都要不断地学习和努力。

幻想并不是万恶的思想。人并不是不能有幻想，但前提是自己要清醒地认识到，幻想不能成为人生的全部寄托，顶多只能作为闲余的消遣。不让幻想侵袭整个灵魂的办法就是为自己找一个可以为之奋斗的梦想。这个梦想不是用来说的，而是用来做的。不要让你的梦想成为一闪而过的念头，而是要让它成为你人生的信条、前进的目标。

1. 为梦想制订完善的计划和标准

为梦想在心中制定一个高标准，然后在进行之前，做广泛的意见征求、调查论证，尽量把所有遇到的困难和可能会发生的事情都考虑进去，尽可能的避免哪怕1%的漏洞，直到我们制定的梦想目标完成为止。

2. 梦想不能超过能力范围

制订完成梦想的计划一定要在实际的能力范围之内，而且内容一定要做到详细。比如，你的梦想是当外交官，现在准备学习这门外语，那就要制订一个详细的学习计划，从星期一到星期五，每天下午4点的时候听半小时的录音，以练习听力；每天晚上8点开始一小时的语法学习。这样做到每天详细地计划，就能让梦想越来越接近，否则，只有大的概念，那梦想就变成了幻想。

3. 不可操之过急，要有条有理

实现梦想是一个漫长的过程，切不可操之过急。任何一件事，从计划到实现，有一条很漫长的道路，我们需要有耐心，需要按部就班的去一步步实行。假如过于急躁，想一步登天，就会遇到无情的打击，最终让梦想破灭。

抓紧时间努力，让梦想靠近

韩愈说："业精于勤，荒于嬉；行成于思，毁于随。"别人的成功与潇洒不是信手拈来的，是经过一番打拼得来的，他们的成功经验也许各不相同，但有一条永远是绝对的，那就是想到就去做。

电影《翻滚吧！阿信》是一部追求梦想的励志热血电影。主人公阿信从小拥有优异的运动天分，但他患有轻微的小儿麻痹症，他的一条腿短于另一条腿。一个偶然的机会，他看到和他同龄的孩子们在学校体操队的排练室里拉练，心里顿时升起一股羡慕之情。后来，学校教练发现了阿信跳马的才能，将他带入体操队。但两年来，他算不上一个合格的运动员，只有坐冷板凳，没有上场的机会，他是多么羡慕那些能够参加比赛的伙伴们啊！还好，终于有一天，上天为他打开了一扇门，他替受伤的队友参加比赛。这一次，他努力表现，在众人的惊叹声中，拿下了跳马冠军。

这只是电影前半部分的一个桥段，但这个故事已经开始向人们传达一种精神，与其羡慕别人，不如自己动手，勤学苦练。只要你肯付出，终有一天你能"替补上场"。

很久以前，有两个朋友相约去遥远的地方，两人一路跋山涉水，风餐露宿赶往目的地。在即将到达目的地的时候，他们突然遭遇了一条水急浪高的大河，而河的彼岸就是他们千辛万苦想要到达的地方。那么，如何渡过这条河到彼岸去呢？两个人产生了不同的意见，一个人建议伐木造舟渡过河去，另一个则否定了他的办法，认为那样不可能渡过河去，与其自寻烦恼和死路，不如等这条河流干了，再轻轻松松地走过去。

最终，两个人没有达成共识。于是，他们分道扬镳，各干各的。打算造船过河的人每天砍伐树木，辛苦劳动，建造船只。

而另一个要等河干后再渡河的人则每天无所事事，一会儿休息睡觉，一会儿溜达到河边观察河水流干了没有。直到有一天，已经造好船的朋友渡河的时候，他的朋友还在讥笑他的愚蠢。

不过，这位造船者并不生气，临走前只留了一句话："在我看来，没有行动就没有结果。去做一件事不见得能成功，但不去做一定没有机会获得成功。"

最后，河水一直没有干涸，那位造船者已经轻松渡过了河，只剩下他的朋友在河对岸暗自神伤，空怀羡慕。正当这位朋友深感孤独无助的时候，他在旁边的草地上看到一根刻字的树枝，他捡起来擦掉上面的尘土，看清了一行细小的文字："不要去羡慕别人的成功，想要过河，就自己动手建一只船，勇敢地划过来，我在对岸等你。"

原来，他并没有被朋友遗弃。在朋友的激励下，他不再空有幻想，而是动手建造了一只船，终于和朋友再次相见于风景秀丽的彼岸。

开始时，坐等河干再渡河的人看到造船者渡过河之后的滋味是怎样的呢？是羡慕的，是满腹抱怨的，因为他没有先一步渡过河去。幸运的是，他没有一味地抱怨，也没有一味地羡慕，而是采取行动，最终到达了风景秀丽的彼岸。

其实，生活中，我们也应当如此，与其羡慕别人坐拥豪宅豪车，不如抓紧时间努力，用行动代替抱怨，向梦想靠近。

才过而立之年的萨依特已经是埃及的一位政府高官，年纪轻轻就做了副市长，可谓前程不可限量。可惜，就在他事业蒸蒸日上的时候，他主管的城市却发生了一场火灾，他因此被免职。这一年，他年仅37岁。

免职后，萨依特的周围依然是一些达官显贵、各类富商、名人……大家都为萨依特惋惜，认为这次变故对他打击太大，一定会让他非常痛苦，有些好心人还主动要求给他提供帮助。

谁料，萨依特却回到乡村，过起了平凡百姓的生活。他在自家的小菜园里种菜、施肥、锄草、捉虫，日子过得平淡而富有滋味。他还有一个最大的爱好，就是收集一些民间陶器和古董。生活中，他从不羡慕别人的日子，不理会别人的富贵，只是自得自乐地过着自己的闲适生活。不久后，他凭借自身的知识和才能，很快在收藏上取得了一些成功。这几年间，他慧眼识珠，总共收集到了几十件世界级的民间珍宝。据估算，萨依特收集的每件珍宝，价值都在上千万美元。

有人采访他，问他为什么会在收藏上有这么大的成就。他平静地说：“因为我过得很清静，从不盲从地去羡慕别人，这种生活让我能够沉下心来，一心一意地鉴别它们。”

不去羡慕别人的生活，使萨依特不但摆脱了事业失意的烦恼，还给了他足够的耐心，专心做收藏，并创造了非凡的成绩，成为世界级收藏大师。这就是懂得行动的结果。

有句老话：“自己动手，丰衣足食。”不错，靠天靠地不如靠自己。依靠别人总是有风险的，因为操纵结果的手不在自己身上，结果如何终由不得自己。假如你依赖别人，到最后你所期望的事情发生转变，你是无能为力的，那时任何抱怨都是徒劳。所以，我们根本没有必要去羡慕别人的生活，不是吗？只要懂得生活的真谛，按照自己的想法行动起来，世上便无可抱怨之事。

1. 别人的成功你无法复制

生活中，有些人确实值得羡慕，他们有头脑、有能力、善于经营，要么在商海里呼风唤雨，要么在职场中叱咤风云。他们是时代的弄潮儿，是社会的精英。羡慕别人是因为我们期待完美，期望可以像他们一样能干，像他们一样活得精彩。可是，我们却忽视了一点，每个人的处境不同，别人的成功你永远无法复制。

2. 仰望别人，不如经营好自己

我们庆幸自己能够改变的是，尽管自己没有那么优渥的资源和条件，但我们仍可以通过观察别人的长处来修正自己的短处。与其仰望别人的幸福，不如提升自己经营幸福的能力；与其羡慕别人的好运气，不如借鉴别人努力的过程。

3. 在拼搏中追求自我的价值

这是一个竞争激烈的社会，我们只有不满足于现状，不断地追求，才不至于被残酷的社会所淘汰，才能在拼搏中体现我们的人生价值。

当梦想照进现实，它就有了生命

世上很难有两全齐美的事情，命运不会特别眷顾一个人，让他事事如意。

现实总会有些不尽如人意的地方，面对有些你渴望但是又没有得到的东西，你会心生斗志，你会为了这种种不满，进而为自己的梦想奋斗，使之成为现实。

梦想的力量是强大的，它可以让一个人忘记自我，忘记自己拥有的一切，摒弃自己生活中与梦想冲突的所有事情。

通常这种热切的追逐只有两个结果：一是通过自己坚持不懈的努力，终于实现了自己的梦想，对自己来说，这就是人世间最美妙的事情。二是被现实压抑得喘不过气，四处碰壁直到头破血流，最后梦想也未能实现，人生还是在低谷。

时常听到周遭的朋友问："我们到底是在为自己的梦想而打拼，还是为了现实生活在被动地继续？"

其实，当梦想照进你的现实，那么心里那些过往的阴霾就会风化飘散。

心里有一个和现实融合在一起的梦想，那么这个梦想就有了它的生命。

李明读书的时候一直都是个勤奋的学生，也深得老师的喜欢。他为自己设定以后拼搏的目标是当一名医生，而且他也正在为此而不断努力。老师们都认为天道酬勤，像他这样的人一定会很有出息。

有一天，李明在看电视的时候看到功夫巨星李小龙的电影，顿时就被里面那种男人气概吸引了。他觉得这才是真实的中国功夫，一个男人的魅力被发挥得淋漓尽致。一代巨星给李明留下了不可磨灭的印象。躺在床上的李明心里久久不能平静，电影里的一招一式都让他无比着迷。

他像是着了魔一样开始收集所有关于李小龙的资料，每天忙碌着去小店买所有关于李小龙的海报，贴满自己的房间。他彻底地成了追星族中的一员，他把以前去图书馆研究医学的时间也用在了查阅李小龙的资料上。老师发现了问题的严重性，心急火燎地找到李明，眼看着这个有大好前途的孩子就要迷失方向了，说道："每个人都有自己的梦想，但是这个梦想一定要切实地从自身情况出发。你有着医学方面的天赋，而且你以前也为此付出了很多努力，现在眼看快要成功了，你不应该放弃。"李明踌躇地说道："我只是将很少的一部分时用来追星，我没有放弃过自己的梦想。"老师摇摇头："不要忘记那个猴子摘玉米的故事，得不偿失。"

李明回到宿舍思来想去，看着房间里贴满的李小龙的海报，忽然觉得这一切和他的距离是那么的远。想着那时自己为了实现当医生的梦想，夜以继日地看书做题，难道现在要为了这个遥远的武打梦而放弃吗？

后来，李明决定将这些东西都压入箱底，因为人的梦想如果和现实背离，那么只会失败。他不能因为一时的热情而迷失了方向，放弃自己曾苦苦努力过的一切。正是这种理性拯救了他，后来，李明成了一名享誉国内外的外科专家。

世人都说不能轻易放弃自己的梦想，没有梦想就如生活的傀儡，没有了生存的意义。但是在追求梦想的时候，我们需要用理性的思维去思考自己的梦想有没有实现的可能，在现实生活中能不能站稳脚。

1. 没有梦想，人生就会迷路

常常有人说梦想是人生的风向标，若是丢失了，那人生就会失去方向，我们就会迷路。但是梦想也不能失去理智，只有这样你执著地追求才能符合实际，这样的梦想才有可能通过努力而得以实现。

2. 梦想实现后，应该怎么办

一个安于现状、不思进取的人，他生活的绿洲就会被无情的沙漠一点点地吞并，直至荒凉一片；一个懒于另创新高的人，就像一支枯竭的蜡烛，即使曾经闪耀过，但最终也只能在黑暗中冷却成一摊无用的蜡油。而一个敢于挑战自己、攀爬新高度的人，就如同那执着的爬山虎，墙有多高有多宽，就爬多高爬多远，直到枯萎、凋败。我们每个人都应该像爬山虎一样，在生命运动的每一刻不断地去攀爬新的高度。我们要有自己的人生追求，当实现了某个目标之后，应以此目标为新的起点，向着更高的目标攀登，直至走向另一次成功。

3. 梦想的终点，就是生命的尽头

人的一生就是不断追求新高的过程，梦想并不是人生的最高点，更不是生命的终点，它只是人生前进的灯塔，指引着你一路向前奔跑。实现梦想后的下一步不是停滞，不是观望，更不是颓靡，而是整装待发，向着更高更远的地方前进，直至生命的最后一刻。